EVERYTHING

多即是多

极繁主义风格设计指南

(英)阿比盖尔•埃亨 著 孙哲 译

A MAXIMALIST STYLE GUIDE

辽宁科学技术出版社
·沈阳·

100 years of Fashion Illustration
DANCING
THE DEVIL'S MUSIC
NINETEENTH CENTURY ART
A CRITICAL HISTORY
BAZAAR STYLE
ART in THEORY 1900-2000
THE NIETZSCHE READER
A LITTLE LIFE
HANYA YANAGIHARA
ORIGINAL MAN
GLUE
WILDER MANN
CLARKS IN JAMAICA
DANCE INK
PHOTOGRAPHS
FREUD

WHAT IS MAXIMALISM?

什么是极繁主义风格？

FROM
THE OVEN
TO THE

BEYOND CHIC

全面披露：
我是一个毫不掩饰的极繁主义者。

我如此痴迷于极繁主义风格的原因之一是它能激起情感，它为极简主义风格和20世纪中期现代主义风格提供了急需的喘息空间。极繁主义风格是非常具探索性的，没有任何限制。通过材料、颜色、形式、复古元素和现代艺术品的实验性探索搭配，它是一种将不同时期独特的、具有叙述表现力的美学融合在一起的风格。它是一种高度风格化的装饰类型，以舒适为中心。它是一种全方位的感官体验，可以振奋精神并以极简主义无法做到的方式创造灵感。

我认为极繁主义风格的室内设计在过去曾有过糟糕的表现，因为这样的空间看起来像是被一个喝了七杯咖啡仍然失眠的人装饰的：混乱又凌乱，带着过分的随意及令人震惊的无序与不和谐。然而，它不应给人这种感觉。我正在倡导一种新的极繁主义风格，当你用正确的方式去做，它会让人觉得空间是经过周到考虑、精心策划设计出来的，且有着神奇的魅力。

极繁主义风格的室内设计具有非常强烈的情感色彩，因为它要求利用自己喜欢的东西来设计。我将阐述我的心得与办法，去帮助你创建一个充满想象力的家，在这个家中，各种视觉上的冲击交织在一起，协调又吸引人，同时带着冲突和刺激。这样一来，将具有亲和力的俏皮感、略带华丽的朴实感、稍显阳刚的温柔与沉稳的精致感融合在一起，最重要的是，将创造一个让你永远不想离开的家。

故事从这里开始……

DEVELOPING A SENSE OF STYLE

培养风格感

我坚信,通过添加经过深思熟虑的颜色、纹理、图案和特色元素,将创造出能够引发谈论、充满个人色彩且非常有趣的空间。

采用极繁主义风格设计的每个室内空间都充满了丰富的体验感,它将前卫艺术品与复古珍品相结合,将精致的装饰品与原始的、独特的收藏品相结合。它是目前极有趣和极个性化的设计风格之一。它突破界限并挑战规则,从而引发人们的情感反应。

没有什么是设计的禁区!话虽如此,我不是在谈论霓虹粉色墙壁,塑料鸽子和一大块豹纹印花。如果你喜欢这种氛围,那就去做吧,它不适合我。我说的是高端与低端、高街与手工、复古与现代的合作。我的室内装饰是有目的的,而不是到处乱扔东西。我坚信,通过添加经过深思熟虑的颜色、纹理、图案和特色元素,将创造出能够引发谈论、充满个人色彩且非常有趣的空间。

无论你的房子是大是小,是自有住房,还是租用住房,无论是在市郊住宅区,还是在市中心,是在海边,还是在乡村,极繁主义风格的室内设计都是用你喜欢的东西包围你自己,让你(和你的家)感觉更酷一点,更迷人一点,与内心产生共鸣。

无论你的家是什么风格的,它都应该是一个没有规则、不受权威限制的地方,你可以随心所欲。我知道,当我站在家门口并将钥匙插入锁中时,我进入了一个让我平静、激励我并让我感觉快乐的空间。我已经逃到了自己的宇宙中,我的家是内心自我的反映!如果所有这些听起来太深奥,不要害怕,我将深入探讨在一个房间内如何通过协调颜色、图案、丰富的面料、纹理和不拘一格的家具来创造一个反映你自己的家。

Villemo

问问题

从我在世界各地授课，以及线上授课的经验中，我知道许多人都在努力寻找自己的风格感。这听起来可能有点夸张，但实际上这比你想象得要容易。它只需要一双纯净的眼睛和无数个问题。首先在家里散步，然后问自己以下问题：

→什么令你眼前一亮，什么吸引你的眼球？
→你在这个空间内感觉如何？
→你的墙壁是否太朴素？
→你喜欢油漆的颜色吗？
→你喜欢什么艺术品？
→你喜欢什么颜色？
→你喜欢什么风格？
→你有什么爱好？经常参与的活动或收藏品需要反映在空间内吗？

Olives
Anchovies
Pasta
Filo Pastry
Spinach
Tofu

设计师会一直问问题，这是一种非常好的方法，去了解你希望设计出的空间。

培养风格感的一个关键阶段是深入了解你的情绪，如果可以的话，想象你希望设计出的空间是什么样子，会给人什么样的感觉。可视化是运动员经常使用的强大工具。首先可视化你希望设计出的空间的外观，然后开始收集图像。不要着急，也不要太保守。你需要在这里突破界限和梦想。大胆思考，不要被实用性所限制——只需从社交网站、博客和杂志中获取图片，这些图片会让你的心跳加快一点。在这个阶段，不要试图变得实际。我建议设置两个文件夹——一个是你喜欢的图像，另一个是你不喜欢的图像。不要想太多，抓住它们。

在确定自己的风格时，情绪板是创建设计起点的好工具。无须投入太多时间和费用，你就可以创建自己的个人风格指南，一种你喜爱的视觉语言。这是一次性收集想法、配色方案、灵感和情绪的完美方式。保持放松，让一切都激发你的灵感。我发现最好从一个非常强烈的图像开始。这可能是从杂志上撕下的一页或一块令人惊叹的织物样本。

不久之后，你会注意到一个共同的线索出现了——可能是相似的颜色或图案、相似的建筑风格、对自然的热爱、对波希米亚斜线花纹的偏爱，或者它可能更传统或更工业化。在这一点上我要说，实际上最好不要采用一种固定的风格，而是采用一种更折中的方法，用于极繁主义风格的室内设计。这是一种很好的入门方式，因为它可以帮助你去了解自己的感受和品位：你喜欢什么，你不喜欢什么。

看看你的周围

让商业空间激发你的灵感：餐厅、咖啡店和设计师酒店。你知道当你走进温馨的大堂、灯火通明的餐厅或豪华套房时的感觉吗？你会立即感到宾至如归。从图案到面料，从材料到形状，随时寻找灵感——你可以从其他人的设计空间中学到很多东西。

以酒店为例，位于巴黎市中心的普罗维登斯酒店是玛莱区附近最温馨、最小的精品酒店。这是一个充满颓废气息的小空间，这里有复古的艺术品、20世纪70年代风格的装饰品、精致的壁纸，且空间充满丰富的色彩。午夜色调的墙壁搭配精致的天鹅绒床头板；设计师对细节的敏锐感知和对图案的喜爱程度真的让空间与众不同。酒店超级小，房间肯定是小巧玲珑，但它装饰得如此精美，以至于你的眼睛都没有注意到它空间上的局限，只是注意到空间设计有多酷。颜色内敛，图案丰富——这真的是鼓舞人心的。

在确定自己的风格时，情绪板是创建设计起点的好工具。无须投入太多时间和费用，你就可以创建自己的个人风格指南，一种你喜爱的视觉语言。

另一个很好的例子是Soho House酒店集团，从广阔的乡村度假胜地到城市酒店，每家酒店都有自己与生俱来的风格。依据传统，酒店空间氛围不拘一格，充满现代感，轻松而迷人。色彩丰富而阳刚，通常带有朴实的传统色调。我不是要你复制你所看到的，而是要从你所看到的之中去获得灵感。从中学习，再重新诠释，将此心得放进你自己的“过滤器”中，加以提取。

旅行和假期对家庭的影响越来越大。尝试触及你喜欢的地方的本质。也许是当地的手工艺品、颜色、氛围，然后在你自己的家中以现代、独特的方式重新诠释它。我不是在谈论用动物印花装饰每个表面，让人感觉仿佛刚从南非狩猎回来，而是强调丰富的泥土色调，或者举个例子用材料的粗糙和光滑做出对比。你梦想的目的地实际上说明了很多关于你的风格。喜欢靠近海岸的微风海滨别墅，还是一个依偎在森林深处的小木屋？是的，那请进吧！

另一种帮助你确定喜爱风格的方法是看看你的衣橱——这听起来很奇怪，想想你的穿衣风格，是大胆，还是保守？风格鲜明，还是中规中矩？这是一个很好的起点。如果你的衣橱优雅而华丽，那么你的家应该反映这一点。你的衣橱可以透露很多！

还有什么地方可以寻求灵感？对我来说，是让家感觉像家的东西——例如自然、艺术或烹饪。弄清楚你喜欢什么是创造一个你永远不想离开的家的第一步。如果你弄清楚你被什么吸引，就会很容易想出一种能反映并呈现出的风格。

规划就是一切

我知道这听起来超级“室内设计”，但如果你想创造一个充满个性的家，请考虑制订一张平面图。平面图可让你查看房间的基本结构，并帮助你决定要突出显示的内容（例如壁炉或窗户）和隐藏的内容（可能是散热器或电视）。平面图可能听起来很无聊，但在设计房间时确实非常重要。它可以帮助你确定如何使空间尽可能具有凝聚力和开放性。

盘点任何焦点，这些是眼睛会自动跳转到的兴趣点，吸引了很多的注意力。如果你觉得空间中没有焦点，不用担心，你不一定需要壁炉和巨大的凸窗来创造机关，你可以通过艺术品、置物搁架或书柜来做到这一点。

你梦想的目的地实际上说明了很多关于你的风格。喜欢靠近海岸的微风海滨别墅，还是一个依偎在森林深处的小木屋？是的，那请进吧！

我们生活在应用程序的世界中:有适用于一切的应用程序,还有一些很棒的应用程序可以帮助你创建平面图——你只需将手机举到墙上,看着它扫描房间的四周。还有其他应用程序可让你将真实家具的3D模型放置在自己的房间中。不确定那个黄铜吊坠在你的"个人岛屿"上会是什么样子?你不必再猜测了。很酷,不是吗?

情感设计

我总是围绕着一种心情或情感来设计我自己房子里的每一个房间,我不断地问自己,每个房间会给我什么样的感觉。我的回答通常很复杂,就像大体上我想感到放松,但我也想感受到诱惑和眼花缭乱。我想让自己拥有像茧一样的安全感,裹在最柔软的毯子里。

信不信由你,你的装饰会完全影响你的情绪以及你在空间中的感受。墙上的颜色会让你感到放松,或者——如果你弄错了——焦虑。你的装饰也会对你的感受产生深远的影响。你选择的照明和你选择的内饰都有助于让你感到快乐、放松和更加投入,只要你用心购买并且不追随潮流。

问问自己你想在你的空间里有什么感觉。例如,因为我想拥有像茧一样的安全感,所以我会倒推并写下什么样的家具风格对我有帮助,从让人感觉放松的椅子到墨色和其他柔和的颜色,这些都可以帮助我感受到被保护。

丢掉恐惧!我在课堂上经常听到这种想法——害怕犯错。很容易因为害怕弄错而什么都不做,让墙上的米色油漆永远留在那。极繁主义的内饰让人望而生畏,因此非常容易让人坐在栅栏上观望。然而,当你以不同的方式装饰并打破界限时,它就会让人上瘾。你可以创造神奇的空间。我的建议——这与克服对任何事物(包括蜘蛛)的恐惧有关——是慢慢建立你的信心!从小处着手。与其看着你的整个房间并为最大化整个房间而惊慌失措,不如把它分成几个小部分。几乎不可能一口气弄清楚所有内容,但是当你将房间分成多个区域时,就容易多了。一旦开始,你将有信心继续前进。

正如我刚才所说,在装饰方面很容易做到安全,但安全的问题在于它不允许你为你的家注入个性。当添加大胆的印花或颜色时,可以快速轻松地改变空间。当涉及决定性的风险时,我总是依靠我的直觉。

通过简单地并置材料,以诱人的色调粉刷墙壁,改变布局,添加图案和纹理,或大量的照明,你可以改变其他人在空间里的感受。

The Power of Passion
and Perseverance

要认识到那些不舒服的感觉，如果你发现你必须说服自己接受某件事（比如一种颜色或一件家具），那么那个特定的色调或单品可能不适合你。相反，你需要一个开放的心态，才能跳出思维的限制去思考。意想不到的选择赋予空间精神和优势。如果你选择个性单品，请记住以更安静、更内敛的细节为你的空间奠定基础，因为一个房间里太多的“流量明星”会产生太多的戏剧性。

如果可以，请避免使用主题。主题化（这是一件很容易做到的事情）会让你的空间看起来就像是从家具的产品目录中跳出来的，因此不会真实地反映你是谁。我认为最近极繁主义风格风靡室内设计和时尚界的原因之一是人们对自己的声音有了新的信心。无论是社会原因，还是由于某些电影和电视节目展示了一些真正美丽的极繁主义风格空间，谁知道呢，但这样的室内空间比以往任何时候都让人感觉更加独特、温暖又充满个性。主题会限制你太多，所以——以我的拙见——避免它。把自己想象成诗人或作家，他们是把人们吸引到他们创造的世界中的艺术家。你通过室内设计可以做同样的事情。

当人们进入我的空间张大嘴巴表示惊喜时，我会感到非常兴奋。他们叹息、喘息和微笑，他们不知道该往哪里看。他们的眼睛被吸引到许多不同的方向，因此他们同时感到兴奋、投入和诱惑。想到你可以用这种方式振奋别人的精神，无论是你自己的，还是你的客人的，这真是令人振奋！通过简单地并置材料，以诱人的色调粉刷墙壁，改变布局，添加图案和纹理，或大量的照明，你可以改变其他人在空间里的感受。

CHUCK CLOSE
PRINTS, PROCESS AND COLLABORATION
Museum of
Contemporary
Art
Fashionable Selby
LOVE
TASCHEN's New York

THINK OF YOURSELF LIKE
A POET OR WRITER, THEY
ARE ARTISTS WHO DRAW
PEOPLE INTO THE WORLD
THEY HAVE CREATED.

把自己想象成诗人或作家，他们是把人们吸引到他们创造的世界中的艺术家。

当你看到这里，你会注意到书中图片显示的内容有许多共同元素。它们通常是和谐的，它们倾向于平衡，色彩搭配克制（最多四种或五种色调）并且有很多反差效果。这些我将在稍后更详细地讨论。

信不信由你，生活在极繁主义风格的家中与物质主义毫无关系。相反，它会让你留存生活的片段，让你想起曾经的事情：亚洲旅行，对所爱之人的回忆，孩子们的画作。这让记忆被妥善珍藏，如果你住在一个白色盒子里，所有东西都放在一个没有把手的推拉抽屉里，你就无法做到这一点！没有物品，没有设计。没有设计，没有魔法——就这么简单！

分层次是一个关键部分。房间里设计的层次越多，它对眼睛的吸引力就越大，因为这样视线就不知道该降落在哪里。在本书中，我将展示如何分层次设计你的空间。你会变得更加自信（就像我一样）。我的设计将苍白的墙壁变成深色的墙壁，将上面什么都没有的壁炉变成上面有很多东西的壁炉，将光秃秃的地板变成地板上铺着吸睛的地毯。有些东西是我在大街上发现的，有些来自跳蚤市场。有些是我在摩洛哥的露天市场上偶然发现的，还有一些是我从画廊里得到的。当我开始添加越来越多的东西时，魔法开始发生。我变得更加自信，我感到更有灵感。我的眼光变得更开阔，跨越文化、风格、年龄和时代，这让我的室内设计更加迷人。

SERVICE

LES ANNEES
LOUIS

现在，看看网上的精选图片，每个人似乎都对异常华丽、复杂和有趣的装饰方式感到兴奋，可见这类风格已成为时尚主导。

从哪儿开始

谈到室内设计，现在正处于一个激动人心的时代。你可以从全球任何一个角落购买装饰品或建材，而设计突然变得更灵活，也更复杂。

过去，大多数人在装修房屋时都选择简单化，将中性色调与天然材料相结合，几乎将房屋更多地视为一件商品。现在，看看网上的精选图片，每个人似乎都对异常华丽、复杂和有趣的装饰方式感到兴奋，可见这类风格已成为时尚主导。

有一些关键的美学观点值得关注，因为确定每种风格美学观点的核心对于发展自己的风格感非常重要。实际上，你可能希望融合多种风格的不同元素，而不是只坚持一种，因为如今令人兴奋的室内设计作品会从许多不同的氛围中汲取灵感。

→从我最不喜欢的风格开始，斯堪的纳维亚风格！金色的墙壁配上白色的木头，有人喜欢吗？我概括，它实际上是美丽、简单和（我不太喜欢的一点）功能的组合。白墙至高无上，它是一种非常中性的色调，流线型，超干净。俏皮的强调色点缀其中，但总的来说它非常低调。它风靡世界，因为它是一种简单的装饰方式。你不必想太多，专注于简单和极简主义，创造这种简单的外观并不需要太多的工作。

→传统风格是永恒的，并从18世纪和19世纪汲取灵感。这种风格经常因无聊和沉闷而受到抨击，始终营造出平静、有序的空间。注重对称性，木材通常是深色的，有着丰富的色彩和精致华丽的细节，天鹅绒和丝绸等奢华面料比比皆是。这是一种非常结构化的风格，这就是为什么我最喜欢将它与更现代的风格结合使用。

→工业风格是使用外露钢、仿旧木质元素、铜饰和外露灯泡最多的风格。它有着如质朴、温暖的仓库般的外观。这种风格喜欢创造如制造业工厂般的感觉，通过使用未加工完成的表面表达对机械创造力的喜爱，例如木桁架和混凝土。

→20世纪中期现代主义风格的特点是生动的造型、简约的轮廓和精致的线条。这是一种非常受欢迎的风格，常用材料包括模压塑料、胶合板和铝。这是一种不会让人过于惊讶并且不断地在尝试的风格。

→法国乡村风格是一种温暖的风格，配色通常是土地、树木的色调，大体呈现一种乡村小屋的氛围。充满源于自然的灵感，到处可见柔软的亚麻布和丰富的纹理。

→波希米亚风格反映了一种无忧无虑的氛围，几乎没有设计上的限制。设计灵感源自全球艺术作品以及古董。这是一种不拘一格、温暖、超级舒适的风格。我喜欢它，因为它伴随着一种自由放任的态度——与极简主义室内设计完美搭配。

→折中主义风格融合了各种文化和上述所有风格的元素。这是最难实现的，就像极繁主义风格的室内设计一样，它要经过深思熟虑、组织修正，通过纹理、材料、风格和颜色的搭配将不同元素联系起来。

DI ALI
VITAMIN C

需要记住的一点(当我告诉你这个时,不要对我太生气):你的家永远不会彻底完工。即使你已经采用了上面的一些(或全部)风格并装饰了整个地方,几年后你会重新用一些东西,把它放在墙上或地板上,这样做会让你想要改变一切!不要扔东西,只是重新排列和移动东西。那是有趣的部分,无论如何,大自然永远不会停止运行,那么为什么要停止装饰所处的环境?你的家将处于不断变化的加法和减法中。这就是我喜欢极繁主义风格的原因,它从不局限于一种风格特色,它的外观表现和给人的感觉会不断变化,且总是在不断发展。

这是一种不拘一格且多样化的装饰方式,因为你从许多不同的风格中汲取灵感。重要的是将你的空间视为一个整体,因此当你从一个房间走到另一个房间时,会感受到这种整体性的流动,并且给人一致的氛围感。我相信,如果你追求极繁主义风格,你就应该自始至终追求极繁主义风格,所以一切都得到升级,这会反映在整个空间中。

记得在这里和那里引入某种缺陷的装饰元素。我知道这听起来很奇怪,但它是一个重要的元素,经常被忽视。极繁主义风格不是要在家里装满最新的潮流椅子、沙发或灯具,而是考虑引入一块旧的磨损地毯,或者一个有点破旧的篮子。选择的艺术作品要给人真实的感觉,而不是让人感觉是被彻底地、无可挑剔地完成的。如果建筑物中有任何特殊的部件,例如旧地板或壁炉,请让它们占据中心位置。这会让一切都增加个性与特色。此外,我总是尝试在我的室内设计中引入一些手工制作的东西。那些独一无二的物品,从盘子到花瓶,再到桌子,都别具一格,似乎在讲述制造者的故事。它们的形状并不完美——这是对手工技术和手工制作的回归。带着工艺和技术的指纹,没有完美抛光或修剪的作品——这些都为空间增添了很多,让空间更有层次感,更具艺术感,更不可预测,更独特。

重要的是将你的空间视为一个整体,因此当你从一个房间走到另一个房间时,会感受到这种整体性的流动,并且给人一致的氛围感。

IF YOU CHOOSE STATEMENT PIECES, REMEMBER TO GROUND YOUR SPACE WITH QUIETER, MORE RESTRAINED DETAILS, AS TOO MANY STARLETS IN ONE ROOM WILL CREATE TOO MUCH DRAMA.

如果你选择个性单品，请记住以更安静、更内敛的细节为你的空间奠定基础，因为一个房间里太多的“流量明星”会产生太多的戏剧性。

极繁主义风格的新浪潮比仅仅在家里装满各种杂物要聪明得多，也更有趣。这不是对过去的仿制，货架上随意摆放着各种各样的东西，看起来以及给人的感觉都很杂乱。在空间里面是有秩序的。表达你自己的风格，无论是受什么文化影响，还是要在其中体现出更华丽的风格，例如热带风情、巴黎风情或乡村风格都无关紧要。重要的是你喜欢它。

最后一点：你将在此过程中犯下奇怪的错误。以极繁主义风格装饰是很难做的事情之一，我总是犯错误。然而，我在这个过程中学到了一些东西，这会使我做出更好（和更酷）的决定。有一次，我把墙壁涂错了颜色。我甚至让我的丈夫格雷厄姆以水平方式将我们花园的所有外墙都用木头包起来，但仅在当天晚上就把它们全部拆掉——它们看起来太糟糕了！我感激的是，在他做完所有的工作后，发现垂直排列的方式让花园看起来更大而水平排列的效果欠缺很多。我明白这是很难做到的，但现在我仿佛拥有了这个星球上最美丽、最神奇的花园！

在本书中，我会提供帮助和指导，所以你不必太担心犯错。我们将一起设计空间，这些空间不仅看起来很棒，而且还反映了你自己的个性和风格。极繁主义风格的室内设计不是在不经意间完成的，而是经过精心计划和策划的结果。用我所有在行业内所得的知识，你很快就会进行创造性的思考并能跳出设计思维的限定，设计出令人惊讶且会与人产生共鸣的多层次空间。我太激动了！

极繁主义风格的室内设计不是在不经意间完成的，而是经过精心计划和策划的结果。

EXPRESSING YOURSELF

表达你自己

仅仅因为你添加了更多的物品、更多的图案、更多的纹理和更多的材料，并不意味着这将是糟糕的设计。

极繁主义风格的室内设计具有强烈的认同感，设计者清楚地了解它是什么。但是，如果弄错了，它可能会被解读为混乱和凌乱。它会让你感觉窒息！极繁主义风格的室内设计不隐藏任何——这是一种包含图案、颜色、质地和一切“材料”的美学。我知道对于以前没有涉足过的人来说，这可能会让你感到有点不知所措，但不要惊慌。尽管我喜欢抛开规则，但确实是有一些关于极繁主义风格的指导方针的，这将使这项时尚的装饰任务变得万无一失。

这本书倡导一种新式的极繁主义风格设计手法，华丽的创造力是其前沿和核心。表面上的图案、如在糖果店里看到的配色和卡通造型都在次要位置。我将向你展示如何始终以一种美丽、精致和内敛的方式将许多对立的、复杂的元素结合起来并保持趣味性。仅仅因为你添加了更多的物品、更多的图案、更多的纹理和更多的材料，并不意味着这将是糟糕的设计。

过去，极繁主义风格的室内设计风评不佳，因为许多人认为它很乱。他们不必如此。这种装饰方式并不容易，在这里不是按照一项项规定来做装饰，但你必须掌握一些规则，才能让这一切发挥作用。一开始可能会感到不舒服，因为你会将自己和家置于一个全新且陌生的环境中。朋友、家人和同事的态度可能会让你失落，但从我多年的业务经验来看，我想说的是，当你感到不舒服时，最终你做的是正确的事情。

你将脚趾伸到安全空间之外，最大的风险是根本不承担任何风险。不要在意别人的看法。有了一套很好的指导方针和一些很好的策划，你将设计一个你永远不想离开的家，这样的家是属于你个人的且是独一无二的。可以这样想：我们将一起踏上美妙的旅程，在此过程中，我们将创造出惹人喜爱、引人入胜并令人兴奋的空间。我喜欢奥普拉·温弗瑞的评论：“当你开创任何事物或对一种文化引入新想法时，你会受到批评。”保持开放的心态，接受这些非常松散的指导方针，你就不会失败。我承诺！

裸露的“骨头”

当人们问我应该从哪里开始时，我总是建议他们先考虑墙壁和地面。

让我们从墙壁开始，这是在房间里可用于表达自己的有效和有影响力的方式之一。无论你选择织物、纸张、油漆、水泥、瓷砖，还是木材，美丽的墙壁处理一定会让人着迷——这个世界就是你的所爱。墙壁通常是房间中最大的表面，因此在确定颜色和装饰方式时，请确保它将被首先设计并以此为中心。让它尽可能看起来不做作且时尚。把墙壁设计好会让你家的设计从刚刚好到非常棒。要将墙壁视为空间的坚实基础。

墙壁的装饰方法很多，但最受欢迎的方法之一是涂油漆。尽早弄清楚你要使用的油漆颜色是一个很好的起点。稍后我们将更详细地讨论颜色，但与当下流行的看法相反，你不必使用深色调来创建多层次奢华的家。什么都行！油漆饰面非常重要，实际上与颜色一样重要，并且会对房间的特色和想要营造的氛围产生重大影响。大多数饰面涂水性涂料，这很好，因为水性涂料不需要预处理，几乎可以用于所有表面。光泽效果因生产商不同而异，我总是喜欢亚光，因为是不反光的。对于极繁主义风格的室内设计来说，这是一个不错的选择，因为你不会希望墙壁饰面与墙壁上的东西竞争太多。

THINK OF IT LIKE THIS: WE ARE GOING ON THE MOST FABULOUS JOURNEY TOGETHER AND IN SO DOING WE'LL CREATE SPACES THAT TANTALIZE, INTRIGUE AND EXCITE.

可以这样想：我们将一起踏上美妙的旅程，在此过程中，我们将创造出惹人喜爱、引人入胜并令人兴奋的空间。

LIBYE

如果不与背景竞争太多，那面画廊的墙壁会看起来更酷。仔细端详，亚光墙超级奢华。如果墙面有光泽，它往往会分散眼睛的注意力，因为光线会反射。然而，对于涂料的选择，还有很多选项。

→蛋壳漆和缎面漆具有一定的反射率，通常用于要求苛刻的环境，如浴室和厨房。光泽漆显然是反光的，也是耐用的，可以承受多次清洁。它通常用于踢脚板、装饰条和门，但也可以应用于墙壁和天花板，使它们立即发光。

→现在，石灰石膏和石灰石（一种防水石灰石膏，常用于摩洛哥风格的室内装饰，但现在被用于世界各地越来越多的住宅中）正在大举回归。当被用于墙壁时，它们几乎让你觉得你生活在罗斯科的画作中。这种复苏要归功于热爱石膏的有影响力的设计师，例如阿塞尔·维伍德和文森特·凡·杜伊森。

→不可否认，使用壁纸有很多限制，这让很多人感到害怕。从精致的花卉挂毯到大胆的图形图案，它无疑在视觉上提供很多趣味。不要觉得你必须花费所有的精力在图案上；我当然不是这么做的。有很多漂亮的壁纸可以模仿混凝土、木材或瓷砖，并具有最令人难以置信的质感。

→使用木材也是一种美化墙面的装饰方法。木材给人简单、舒缓和温暖的感觉，让人无法抗拒，并具有很多受欢迎的特质。

→砖——粗糙裸露，或涂漆——为任何室内增添美丽永恒的质感，对了，不要忘了，还彰显温暖和个性。让我们不要忽视瓷砖——从水泥瓷砖到闪着珠光的瓷砖，再到带有几何图案甚至花卉图案的瓷砖，它们的可能性是无穷无尽的。

确保你要花时间考虑墙壁的装饰方案。它将奠定每个空间的情绪和氛围。

当我们走进家中时，地面材料虽然可能不是首先引起我们注意的东西，但对于有凝聚力、令人羡慕的室内设计来说是至关重要的。无论你多么在意家中的装饰品，如果房间的“骨骼”没有经过精心设计，它可能永远不会看起来完全正确。从温暖朴实的木材到工业混凝土，从层压板到装饰小地毯和地毯，你选择的地面材料将对你的室内设计产生重大影响。哦，如果你不喜欢你现在的地板，不要惊慌，因为一块好地毯总能帮你隐藏丑陋的地板！

地面太重要了。不管你使用硬木地板、装饰地毯、全室地毯，还是石材，地面设计在很大程度上决定了你如何在空间中创建层次。在地面设计方面有两种思想流派：要么保持中性，没有太多颜色或图案；要么色彩缤纷，有图案。如果你在选择家具、饰面装饰、色彩和室内软装方面保持中性，将有更多选择。或者，完全忽略这一点，选择更具图案和色彩的地面材料，并利用它们将色调反映到家具中。没有错，也没有对。最重要的是要有一个计划，否则你最终会造出一个混乱的“马戏团”，产生太多混乱情况。

极繁主义风格的室内设计需要和谐与平衡，否则细看起来就是一团糟。

THIS IS HOME
Flammarion
IDEAS FOR CREATIVE INTERIORS
PHOTOGRAPHY
DEBI TRELOAR & HANS BLOMQUIST

天花板经常被遗忘，但它对于创造一个美丽的极繁主义风格的家来说是不可或缺的。所有伟大的设计师都记得抬头看，天花板是一个可以创造设计魔力的地方，对周围环境有着巨大的影响。在天花板上悬挂吊灯或枝形吊灯，你可以创造出微妙的灯光效果。我喜欢的修饰空间的方法之一是将天花板涂成与墙壁相同的颜色。在这里突破界限，我知道这会吓到很多人，但我碰巧认为这是你可以对空间做的重要的事情之一。无论是大的、小的、古老的和古怪的、新的和现代的、时髦的，还是富丽堂皇的空间，这个简单的技巧都会立即让空间感觉更宏伟，且不会失败。当你为天花板涂上颜色时，界限变得模糊，所以你不能完全分辨出墙壁的终点和天花板的起点。这个空间在某种程度上感觉更精致，也更大，所以对于小的空间和低天花板的空间来说，这是一个超级酷的小技巧。现在一切都被伪装了（门窗框和踢脚线也应该涂成相同的颜色），人们的视线被迫集中在房间里的碎片上。现在，他们会感觉这个空间更宏伟、更酷、更前卫！

成功法则

我已经讲解了房间的基本内容，让我来进一步谈谈其他的指导方针。极繁主义风格的室内设计需要和谐与平衡，否则细看起来就是一团糟。如果你在网上搜索极繁主义风格的室内设计，就会出现大量奢华的空间。我说的是铺满纸的房间，到处都是小摆设，色彩鲜艳的墙壁，没有一个裸露的表面。如果你碰巧喜欢这种氛围，那就太好了，但我支持一种新的极繁主义风格。这是一种稍微克制的风格，这种克制甚至是能被感知的，也许是通过精神影响来传达的。当然有视觉上的不和谐，但这种极繁主义风格的室内设计是无可挑剔的时尚与极度混乱对抗的产物，凸显和谐与平衡的重要性。

无论你的房间是否采用极繁主义风格（如果有，那就更重要了），整个空间都需要尽可能地在视觉上做文章。注重颜色、形状和纹理的使用。不要对我说什么协调搭配，因为那就像打了一个大大的哈欠，而且真的很无聊，只要确保有某种联系和凝聚力。我通过地毯、植物、颜色、材料和照明来统一房间。尽管一切都不同，但一切都让人感觉非常相互关联。

确保你要花时间考虑墙壁的装饰方案。它将奠定每个空间的情绪和氛围。

接下来，你会感觉更疑惑，虽然你希望空间看起来和谐，但你还需要引入冲突元素。冲突是室内设计的基础，在这些需求越来越多的空间中更是如此。如果一切都是一种基调——比如说，光亮的墙壁和闪亮的地面、皮革家具、玻璃咖啡桌，你感觉到平庸和无趣吗？为了让事情变得有趣，你需要在一个房间里尽可能多地使用不同的纹理、触觉元素和材料。这可能是光滑抛光混凝土地板上的旧羊毛地毯，或皮革沙发上的竹节手工编织靠垫，或木制咖啡桌上的手工陶瓷。你正在做的是成为一名装饰设计方面的"调酒师"。

你将丝绸与羊毛、皮革与粒状木材、玻璃与陶瓷融合在一起。所有这些元素形成冲突，又相得益彰，给你一个美丽完整的外观。

你还可以通过融合不同风格来制造冲突。例如，复古桌子上的现代灯，或用复古风格织物重新装饰的新式椅子。将旧与新、花哨与友好、原始与精致、粗犷与华丽搭配——然后魔法发生了！

我在课堂上教的是，让一个家感觉美丽并不是因为安装了一些非常昂贵的艺术品或巨大的吊灯，而是因为它你唤起的美好感觉。例如，你可以通过比例来创造不可思议的感觉。比例是指空间中物体的相对大小，经常被忽略。

VANITY FAIR PORTRAITS
HOME
LUXURY HOUSES
WORLD ATLAS
ROOMS TO INSPIRE IN THE COUNTRY
NICKY HASLAM
JACQUES GRANGE INTERIORS
OBERTO GILI HOME SWEET HOME

在每一个房间里，我想鼓励你在空间中添加一些“太大”的东西。我意识到这听起来有点可怕，因为它并不完全有意义，但你不会一直通过放有意义的物品来创造神奇的空间！添加超大的东西会给你的室内设计瞬间添加印象分。使用超大比例，某些东西会立即使空间引人注目（这也是很容易做的事情）。

当你在房间中添加“太大”的东西时，例如将高大的植物放在桌子上，或将超大的艺术品挂在墙上，这可以说是在所有东西上施了魔法。如果一切都是完美的比例和恰到好处的大小，它会看起来超级无聊。当你添加“太大”的东西时（无论你的房间是超小，还是巨大），它都会以迷人的方式改变一切。大大的吊坠，超大的镜子，一个大雕塑，中心岛台上放着从花园摘来巨大树枝，这些都改变了游戏规则！然后让效果更进一步，让精致与沉稳共存，让沉稳与女性气质共存。搞定了！

当你为房间增添一点戏剧性时，它需要引起注意，就像穿着一件很酷的、令人神魂颠倒的衣服一样。考虑在房间中引入比例，就像在一段文本中引入感叹号一样。你不想在你的空间里乱扔大块的东西，只是在这里和那里介绍一些奇怪的东西。

这对于极繁主义风格的室内设计来说可能听起来有点矛盾，但每个房间都需要一些反差。刺激和视觉冲突很棒，但我们也需要一个喘息的空间来评估和恢复平衡。产生反差的空白区域可以让我们的眼睛休息一秒钟，这在潜意识里创造了一种和谐感。缺席或空无一物的空间可以给人留下深刻的印象（有点像雄辩中的停顿）。你无须重新布置所有家具——小的调整会产生大的影响。考虑在柜子里留一个喘息的空间，在架子上留一点空隙。它将注意力引导到你想要引起注意的部分。

现在让我们谈谈混搭。你可以做的有影响力的事情是创建你的极繁主义风格“垫子”，毫不费力地将来自不同时期、风格和地点的家具组合在一起。我知道这听起来非常可怕——你该如何让空间有凝聚力？不要害怕，颜色是我们的答案。（提醒一句，我会经常说这个！）当你把房间里的颜色数量减少到三种，也许是四种，你可以把任何东西混搭在一起。这是让房间有凝聚力的最简单方法。你再也不用担心，“这会和这个搭配吗？”当你限制颜色数量时，你可以混搭任何东西。现代主义风格椅子旁边的中式梳妆台，非常别致。现代主义风格花瓶旁边的精美波希米亚复古灯，不错。如果你限制了颜色的使用数量，它将始终有效。

添加超大的东西会给你的室内设计瞬间添加印象分。使用超大比例，某些东西会立即使空间引人注目（这也是很容易做的事情）。

STIMULATION AND VISUAL FRICTION ARE GREAT BUT WE ALSO NEED A BREATHING SPACE TO TAKE STOCK AND REGAIN BALANCE. NEGATIVE EMPTY AREAS ALLOW US TO REST OUR EYES FOR A SECOND, WHICH SUBCONSCIOUSLY CREATES A SENSE OF HARMONY.

刺激和视觉冲突很棒，但我们也需要一个喘息的空间来评估和恢复平衡。产生反差的空白区域可以让我们的眼睛休息一秒钟，这在潜意识里创造了一种和谐感。

无论你混搭哪些风格，重复都是极繁主义风格室内设计的关键。当你重复使用颜色（或样式、材料）时，会感觉空间更加精致。

我知道你现在可能有很多事情要考虑，但相信我，一旦它成为你头脑潜意识中的一部分，它就会变得更容易。这些规则非常宽松。你不需要特别遵守所有要求，只需将它们用作指导即可。

当你在你的极繁主义风格“垫子”上添加许多不同的材料时，请确保它们平衡。例如，你不会想要一个充满金色木质色调的房间，仅此而已。所以让材料混搭起来：棕色木头、黑色木头、亚光金色木头。平衡玻璃、金属、天鹅绒、黏土用量。如果你可以根据反差来考虑选择材料，这将帮助你创建一个更有层次的空间。

奇数对于室内设计来说是非常有用的，尤其对极繁主义风格的室内设计来说。偶数可以创造对称性，奇数可以创造兴趣。你拥有的任何分组，无论是墙上的一组画作，还是架子上的一组物体，如果件数是奇数，看起来会更有趣。原因是奇数会让你的眼睛更加努力，因为它必须在分组中移动，然后再关注房间。一旦眼睛开始移动，你就会让视觉兴奋起来。明白了吗？

CAPTAIN AMERICA
HELMUT NEWTON

测试一下：你碰巧有一面展示画作的背景墙，如果设计效果不好，试试新的奇数排列。此外，可以尝试在沙发上放三个靠垫，在床上放三个枕头，往花瓶里放五朵花，当然还有经典的组合方式——沙发搭配两把椅子，总能创造好的效果。

如果按照我之前所说的当场设计，真的能让你感觉更快乐，你信吗？不仅如此，还可以获得更多脑力上的挑战和参与感？信不信由你，当你的房间布局正确时，它实际上会以相当积极的方式改变你的空间，让你感觉更快乐！所有这些都很好地体现了我的下一个观点——对称。

对称可以改变房间的气氛。这不会对你产生太大的心理影响，但是当你走进一个感觉平衡的房间（对称创造平衡）时，你的大脑会更快地处理房间信息，因为要计算的东西更少。所以平衡的房间感觉更美观。对称是引入平衡的好方法，但需要注意的是，不要过量。例如，不要有两个匹配的床头柜，顶部有两个匹配的灯——这不会让任何人兴奋不已。你可以使用两张匹配的桌子，但不能使用两盏相同风格的灯——这是一个很大的禁忌。

你需要一点对称性，但不需要过量，尽量避免诺亚方舟二乘二的情景再现。对称是一种创建秩序的简单方法，因为它可以处理视觉平衡，并且在发生很多事情时会让事情平静下来。但不要过量使用。每当某一空间让人感觉过于拥挤和物品“太多”时，我都会引入一点对称性。窗帘通常是创造外观的好方法。当你“小剂量”地使用对称时，它会让你的空间更加和谐，并瞬间被视觉感知。也就是说，太多这样的处理会过犹不及，这就是为什么你还需要用不对称来让整体设计鲜活起来。

GOD
YOU
SOUL
The Standard
the man
FREE

MUSEE MATISSE NICE
Exposition Matisse photographies, Nice, Musée des Beaux-Arts Jules Chéret
4 juillet - 30 septembre 1986

对于极繁主义风格来说，不对称甚至比对称更重要。不对称的房间通过重复相似的颜色、形式或线条来平衡。我的意思是沙发的一侧可以偶尔放一张桌子，另一侧可以放落地灯。当你引入不对称时，它会给空间带来更多的视觉趣味，让人感觉更放松和舒适。太多的对称细看起来会让人觉得单调，有点正式，坦率地说，很沉闷。此外，由于不对称，你的大脑必须更加努力地欣赏一个房间，它带来的效果并不太明显，因此这使空间更有趣。显然空间需要一个很好的平衡：太多的对称太沉闷，太多的不对称太疯狂。

采用冲突手法并考虑选择极繁主义风格的装饰几乎与选择播放列表的方式相同。在我的深夜播放列表中，可能有妮娜·西蒙以及巴赫、阿黛尔、莱昂纳德·科恩，以及一些埃塞俄比亚爵士乐。这显然看起来风格迥异，但所有这些不同的声音都会带来一些东西——创造古怪和魔力。当你将过去的事物与当代或二战后的作品结合起来时，它会变得更加有趣。把自己想象成一个讲故事的人，甚至是一个逃避现实的人，不断地混搭来自不同时代的家具。这样做既复杂，又简单。

简单地开启设计的方法之一是从大自然中寻找灵感。选择与你的个人风格产生共鸣的自然元素。也许是一个深色的桃花心木碗，或者到处添加植物和鲜花。与大自然重新连接可以使空间焕发活力，并为你的空间增添一层宁静。植物即将迎来它们的高光时刻，它们已经从几乎不被考虑的配件变成了非常重要的主角。你可以选择超大型植物——香蕉树，有人喜欢吗？超大型的植物是一种简单的表达方式，让你无须采用大胆的方案。或者用小型的多肉植物，它用途广泛，可以让从家庭办公室到客厅的任何表面鲜活起来！

PERFECT

极繁主义风格的住宅无视潮流，因此不寻求认同。你需要一种不顾一切的信心，才能把设计完成，这与你花了多少钱无关——这些室内设计不以金钱计算。你在表达你的个性，所以相信你自己的直觉，不要寻求别人的认可。坚持做你喜欢的事。我碰巧喜欢这种风格，因为它可以自由地表达激情和个性。它可以表达一些超级有趣和多层次的东西。

创造一种“你”的感觉就是超越视觉的思考。我希望我的家给人类似于拥抱的感觉。这就是为什么我一直在努力创造一种“感觉”，而不是一种风格。当你围绕一种感觉或情感设计房间时，你将收获梦想中的家。如果你能模糊实用和美观之间的界限，你就成功了。你选择的一切，从家具到物品，都应该讲述一个故事。自信、大胆地拥抱你喜欢的东西，而不仅仅是选择你觉得安全的东西。

不要忽视小事，往往是这些小事会产生很大的影响。一些情感的片段会来自很久之前的旅行、孩子们的手工艺品或珍贵卡片。当你将这些情感与更实在的物品集合在一起时，你会立即创造出自由风格。它可以帮助你感受到联结，也会带来舒适感。陶瓷、整齐堆放的图书、蓬松的蒲苇、干枯的树枝、艺术品和雕像都并排摆放。在设计中，重要的是细节！

无论你的房子是自有住房，还是租用住房，无论大小，它都是你的。你可以在设计中获得乐趣，做自己想做的事。

经过漫长的一天后，当我将钥匙插入锁中时，我立即感到放松和安全。我觉得家给了我大大的拥抱。它滋养着我。当我创造了这种感官体验时，这种感觉是会被明确感受到的，这反过来又对我的健康产生了巨大的影响。在一个你不引以为豪的空间里很难感到快乐，所以通过你的装饰来表达自己，你总是会让自己感到满足的！

当你围绕一种感觉或情感设计房间时，你将收获梦想中的家。

ALL-IMPORTANT ACCESSORIES

所有重要的配饰

Wayne Pate
HENRI MATISSE
CAPRI
ASSOULINE
ESCAPE

配饰赋予房间个性，是改变空间的细节。对于极繁主义风格的设计者来说，它们是必不可少的，因为如果风格正确，这些引人注目的收尾工作会使任何室内装饰脱颖而出。

从巧妙的陶瓷组合和成堆的图书，到托盘、靠垫、毯子和地毯，配饰营造出令人兴奋的感官之家。从植物到艺术品，这些装饰赋予空间能量，并提供关于我是谁的叙述，这绝对是我在装饰过程中很喜欢的部分。这些装饰对设计的影响令人难以置信，会突然将所有东西结合在一起，生动起来。添加深度、图案、纹理和颜色，细节才是真正打造美丽富有层次家居的通道。我被问过很多次，我如何知道房间设计是完整的？我的回答是退后一步，反思并——就像所有的创作过程一样——试着加入内心感受。当你走进太空时，你有什么感觉？有什么遗漏吗？是不是太空了？是否有足够的视觉兴趣？一旦你能弄清楚缺少什么，你就可以从那里着手——这就是乐趣的开始。试一试，直到最终找到缺少的东西。我不是嗖地走进一个房间，迅速设计一个书柜，然后对自己的设计表示满意。我会尝试一些东西，如果它不起作用（通常在第一次尝试时它不会有满意的效果），我会尝试其他方法，直到它起作用。我会尽可能地发挥创造力，以不同寻常的方式混合和匹配，直到我找到喜欢的搭配方案。在我更仔细地研究各个元素之前，我只想再说一遍，明确房间何时完工的最重要标识是进入房间时的感觉。相信你的感觉。把它做好需要时间。有时这很容易，有时需要大量的反复试验，但当它是正确的时候，你就会知道它是正确的。

稍后我们将更多地讨论摆放方法，但现在我想打消用大量家具填充房间来完成外观的观念。不要这样做！配饰有助于将你的家与家具陈列室区分开来，它们讲述了你的故事、你的旅行、你的生活。

为房间赋予灵魂和能量的是最后的润色。极繁主义风格的室内设计需要让人感同身受，实际上这是最难实现的。如果空间看起来过于做作或过于完美，会让人感到紧张。

诀窍之一是不要计划每一件小事。当你让事情顺其自然时，你会感觉放松。家应该给我们欢乐，走进任何一个房间，我们都有心动的感觉。如果你的家没有给人这样的感觉，那么它还不够完整。不过不要害怕，因为这有些我常会使用的配饰，正是这些我一次又一次地依赖的配饰艺术品，让房子感觉像家一样。

软装饰

地毯、装饰小地毯、室内家具罩、窗帘、靠垫、盖毯——这些配饰会让房间看起来更柔和、更奢华，会定下基调并增加质感，反过来又增加了深度和趣味。在硬地板上铺地毯可以改变游戏的规则，而靠垫和盖毯则打破了实木家具带来的坚硬感。不仅如此，它们还增加了舒适度和温暖感，并有助于减少噪声。

让我们从靠垫和盖毯之类的开始。我碰巧认为它们是让你的家瞬间焕然一新简单的，实际上也是便宜的方法之一。添加靠垫和盖毯有助于体现空间的细微特征，如果你想像专业人士一样装饰，我强烈建议选择锚定色调。例如，如果你的房间里的一件家具带来了一种流行的色彩，请确保在房间中的其他部分突出它，而不是让它变得更亮。因此，例如在我的房间中，我的地毯上有柔和的浆果玫瑰色，因此在我的靠垫和盖毯中，我可能会添加奇怪的粉色调。然而，为了让事情变得有趣和令人兴奋，我还需要引入一些其他的色调。我选择了太妃糖色和奶油色来突出和对比粉色调。

记住要搭配图案和纹理，否则你的设计不会吸引眼球，也不会让人产生共鸣。添加印花非常重要。如果一切都是纯色，它会看起来超级沉闷。不要拒绝使用印花或造型。圆形靠垫打破了直线，如果你担心使用印花，你可以大量采用纹理。我经常用我的盖毯和靠垫来做这件事——我坚持采用较少的色彩，但通过纹理引入很多视觉趣味。你可以在任何地方，在沙发和椅子、床和长凳、凳子和篮子上搭配靠垫和盖毯。盖毯可以斜放在沙发角上，或者，为了流线型的外观，可以整齐地折叠在扶手上。它们有助于打破表面的无聊，这就是为什么我如此热衷于引入图案（无论多么细微）。

在考虑软装设计时，我的建议是平衡颜色，然后混合纹理，以获得最终的柔软舒适感。搭配松散梭织面料，如亚麻与粗羊毛，或羊绒与人造毛皮，让空间拥有无限的可能。

窗帘和百叶窗会使房间有令人难以置信的变化效果。我特别喜欢在小卧室和起居空间添加窗帘，因为如果你把窗帘挂得比窗户高，它会立即强调房间的高度，让空间感觉更高。面料是选择窗帘时的基本要素——太重，折叠起来不会干净利落，太轻，垂感不佳。在材料方面，丝绸、亚麻、天鹅绒和人造天鹅绒是更好的选择，因为它们悬挂起来效果很好。图案和颜色有很多选择，我倾向于为我的墙壁和窗帘选择单一的色调。这样会使设计方案统一，使空间效果保持平衡。在涂料的选择上我也一次又一次地使用这种技巧，因为通过这种方式使用颜色，会让装饰品几乎变得隐形，让所有家具和配件占据中心位置——非常适合极繁主义风格的室内设计。在选择窗帘和百叶窗时，我强烈建议你突出纹理或印花，因为这会自动为你的方案增加趣味性。如果窗帘有印花，请让窗帘保持纯色。请记住，如果想让窗户成为房间的焦点，那么大印花和明亮的颜色会吸引更多的注意力，所以这是一个不错的选择。纯色和微妙的纹理会产生更柔和的效果，让家具成为焦点。

柔软的装饰织物为空间增添了奢华感，它们富有品质的触感会让任何房间都显得富丽堂皇。

在整个室内设计的初期，我喜欢的彻底改造和翻新空间的方式之一是使用地毯。它们可以为整个空间定下基调，并具有改变房间的惊人力量，使房间平静下来或占据中心位置。我认为每个房间都需要一块地毯。在我自己的空间里，我倾向于保持卧室的宁静和安宁，所以我使用高质感的老式柏柏尔地毯。走廊需更令人兴奋，所以这里的地毯带有一种图案。在客厅里，我倾向于使用有趣和带图案的地毯，因为我需要更多的活力。话虽如此，但是我从不希望地毯成为房间里的主要元素——我需要它成为整体方案的一部分。

极繁主义风格的装饰规则很少，所以不要将自己限制在房间里应只有一块地毯的规则中。我使用多块地毯定义不同区域。特别是在大空间中，多块地毯将为组合不同家具打下基础。你还可以将地毯叠放在一起：底部是大的平纹地毯，顶部是较小的装饰地毯。一个诀窍是选择相对便宜的普通地毯（如天然剑麻），然后在上面铺更柔软、更蓬松的土耳其基利姆斯地毯或印度手纺纱棉地毯。

这非常依赖个人的喜好，无论你选择带图案的地毯，还是低调样式的地毯。无论采用哪种样式，它都会立即为空间增添温暖和趣味。

在考虑软装设计时，我的建议是平衡颜色，然后混合纹理，以获得最终的柔软舒适感。搭配松散梭织面料，如亚麻与粗羊毛，或羊绒与人造毛皮，让空间拥有无限的可能。使用内敛的配色方案可以轻松地使空间层次化——可让空间具有凝聚力和平静感。柔软的装饰织物为空间增添了奢华感，它们富有品质的触感会让任何房间都显得富丽堂皇。

PieFace!
Articulate!

装饰品和艺术品

无论是托盘、蜡烛、相框、照片，还是图书，装饰配件都会给人留下深刻的印象。当你用喜欢的东西填满房间时，每次进入房间都会感到高兴。从厨房岛台到咖啡桌，随处可使用托盘。它们非常适合放置各种物品，更好的是，可用作放置在桌面上的装饰配件，形成有序的装饰品组合。这对于极繁主义风格的空间来说非常重要——当你将多件艺术品放在托盘上时，会立刻让装饰效果更具风格，也不显得那么杂乱。

放置图书是使空间人性化的好方法，无论将它们堆放在脚凳、咖啡桌和壁炉架上，还是将它们叠放在书柜和书架上，是为空间增添温暖和质感的极为简单的方法。在极繁主义风格的室内设计中，摆放图书是一种重要的装饰性手法。你可以按颜色和大小分组或将它们混合在一起。任何像书柜这样的东西都需要在其中添加更多个性化的装饰，想想艺术品、花瓶或任何你碰巧收集到的东西。不要沉迷于对齐图书，用绘画、照片或碗打断它们。我家里的每张桌子上都放着一小堆书，所以我的家庭图书馆不仅限于书架——到处都是书。图书有助于营造一种氛围，用它们装饰是迅速升级空间的简单，也许也是时尚的方式之一。

镜子扩大视野，它可以增加空间深度并会瞬间改变空间装饰感，因此，每个极繁主义风格的室内空间都需要一面镜子。它的反射使房间感觉比实际更大。镜子样式丰富。无论是带丰富的曲线线条的镜子，还是圆形的、矩形的、镀金的镜子，都无关紧要。我一次又一次使用的一个技巧是放大，这会让人感觉更加舒适。这带来很多不同方面的功效——不仅让房间感觉更宏伟，而且还使空间看起来更加通畅，为空间带来更深层次和更有趣的视觉错觉。传统的做法是在每个房间内放一面镜子，但我的客厅里就有四面！并非所有镜子都很大，但每面镜子都改变了它的周围环境。当怀疑时，请在橱柜顶部、后挡板或走廊尽头添加一面镜子。镜子增添魅力，营造适度的装饰亮点并创造更多的梦幻感。

LIFE
IS
FANITASTIC

据我所知，用艺术品装饰空间，通常被认为是装饰空间的最后一步，是在油漆干很久之后。室内设计基本的原则之一是每个房间都必须有一个焦点。我碰巧认为房间需要不止一个焦点，而且以后会有更多焦点。焦点将视线吸引到空间中，让人感觉房间更加神奇。艺术作品被用来作为即时焦点。你可以将赤裸裸的墙壁变成时尚的中心装饰品——我喜欢采用大型的艺术品，因为这会立即引起注意并定下空间基调。

用一面墙展示照片、艺术品、小装饰品、壁挂和儿童手工艺品会增添空间个性。当你以组合形式展示艺术品时，视觉平衡非常重要，特别是对于极繁主义风格的空间，否则会感觉超级凌乱。将最突出的部分放在水平视线的中心并向外延伸。如果在不同框架下展示，要在每组艺术品之间留出一点呼吸空间。

如果你的硬装非常华丽，那么你选择的艺术品不应该那么华丽，否则会让人感到用力过度（反之亦然）。要考虑平衡。一件大胆、夸张的作品可以被解读为媚俗，而一件过于简单的作品可以被解读为没有内涵。应该有策略地使用色彩，并考虑平衡一切。我倾向于避开大胆的闪亮色调（完全个人看法），因为我不希望任何一件装饰品引起所有人的注意。我喜欢将空间的艺术感与一系列可控的色彩联系起来，这真的会提升空间的品质。当然，艺术是你个性的重要反映，所以真的没有对错之分。

我也喜欢将艺术品放在一起，将它们按层次放在壁炉上——这会营造出轻松的氛围，让房子感觉像家一样。更进一步说，要按一定的技巧去营造一种更加轻松、随意的氛围。说到艺术品的摆放位置——我认为可以是任何地方！客厅、走廊和卧室是显而易见的选择，但我也会鼓励在意想不到的区域摆放，比如厨房、楼梯平台、厕所和浴室。当涉及摆放数量的问题时，一如既往地请听从你的直觉。

MAXIMALISM MEANS MORE OF EVERYTHING: MORE OF WHAT YOU LOVE, MORE OF YOUR FAVOURITE HUES, ACCESSORIES AND FABRICS. RESTRICT THE COLOURS, REIN IN THE PATTERNS, CONSTANTLY REPEAT AND THEN EVERYTHING WILL FEEL COHESIVE.

极繁主义风格意味着更多：更多你喜欢的东西，更多你喜欢的色调、配饰和面料。限制使用颜色，控制图案，不断重复，然后一切都会有凝聚力。

香味

气味也是为家庭增添此类特色的配饰，但经常被忽视。以下是我个人的最爱。

→对于客厅，我喜欢柔和的背景气味：烟草或雪松木等男性气味和麝香等泥土气息。

→对于餐厅，我喜欢不会掩盖食物气味的精致香气，以及柠檬马鞭草等清爽气味。香菜的气味是适合厨房的香味——一种可爱、温暖的香味。

→在卧室里，我喜欢用北欧木材和黑橡木制成的香味——有镇静和修护的功效。檀香木和薄荷气味是浴室的佳品。

我从意大利古老的药店新圣母玛利亚买了百花香。我将它倒入茶灯架中，然后将气味分散到各处。

JACQUES GRANGE INTERIORS
SANTA BARBARA LIVING
OBERTO GILI HOME SWEET HOME

植物和花卉

作为一种让空间充满生机并增添温暖和魅力的好方法，我经常使用植物和花卉来代替其他装饰配件。无论是单独还是成组摆放，它们丰富了颜色、形状和质地，而且用途广泛。将尖头状的和闪亮的、羽毛状的和亚光的植物混合。我有点迷恋树叶，不同的叶子和纹理添加了如此有趣的层次。不要忽视树枝、浆果和蕨类植物——可单独或成组摆放。

装饰鲜花的流行趋势正在发生一场变革，我对此感到非常兴奋。这是受到了季节性饮食趋势的影响——各个生命阶段的饲料类植物开始占据流行的中心位置。杂草、路边的树叶和树枝等植物都在享受它们的高光时刻。这类植物营造出如此轻松、自然的氛围，与之前过度风格化的“圆顶”布置方法相去甚远。现在更多采用自由和松散的布置方式。用自然装饰并将各季节的美丽带入家中，既简单，又节约成本，而且材料就在家门口。我的每个房间中都有壁炉，所以我总是用装满木头的篮子，营造出温暖舒适的氛围。花瓶里的树枝对我来说总是必不可少的：春天我会加花，冬天我会加些无花果树枝，给我的走廊和餐桌增添趣味。树枝和有机材料可为任何家庭增添如此真实和质朴的感觉。

临时家具

你几乎可以用椅子、长凳和边桌等临时的装饰物来提升任何房间的氛围品质。装饰性和功能性同等重要，如果感觉房间中缺少家具，这些家具肯定会起到作用，为空间的其余部分定下基调。它们是添加新氛围、新样式或引入新颜色的最佳方式。

对于椅子，你可以成对组合，构成一个舒适的角落，或者放在沙发旁边或床边，形成理想的搭配组合，美化空间。椅子轻巧且易于移动，是极繁主义风格室内设计装饰资源库中的绝佳选择。将它们放在任何地方，都会给房间一种空间感，为空间氛围奠定基础。我认为椅子可以适应任何地方的能力是它在极繁主义风格的室内设计中如此受欢迎的原因，从地面到壁龛旁皆可摆放。你可以用一堆书来点缀它，也可以不加修饰。

长凳是另一种很棒的装饰工具：放置在沙发前、床尾或走廊上。这些长长的、低矮的、极其漂亮的座椅有各种款式：复古的、现代的、传统的、带软垫的或坚固的、有装饰的或无装饰的。在床和走廊的尽头放置它们是显而易见的，但还有很多其他的地方，例如，从餐桌的侧面到厨房和起居区之间的过渡空间。无论是作为完美的点缀，还是为晚餐时挤进额外的客人准备的，长凳的双重功能使其成为常使用的家具之一。

较小的边桌对空间至关重要，比如在你的咖啡桌或沙发旁——它们确实使空间设计完整，它们为你提供休闲的空间，也可以展现设计美感。在材料方面有很多选择。对于悠闲的氛围，选择黄麻、竹子、木头，或者如果你想要带点更绚丽的感觉，可以选择金属和反光材料。它们是一种非常重要的装饰工具，不仅可以容纳一整天的生活制造的杂物——图书、眼镜和其他的所有东西，它们还为装饰效果添加了一个重要的层次。

椅子轻巧且易于移动，是极繁主义风格室内设计装饰资源库中的绝佳选择。将它们放在任何地方，都会给房间一种空间感，为空间氛围奠定基础。

BILL BRYSON
S,M,L,XL
PARIS MON AMOUR

PRIVATE

在装饰房间时，重要的是要把所有东西都作为一个整体来考虑。太多的颜色会让人觉得不和谐，太多的立体纹理反而会让人觉得不立体。影响设计效果的不是某个单独的设计部分，而是各部分的组合以及它们在房间中协同工作的情况。我们用极繁主义风格设计的房间需要让人感觉优雅而不凌乱，完整而不杂乱无章。在无所畏惧的混搭和让你着迷和兴奋的美感之间有着如此细微的界限。通过选择配饰，你可以创建真正的视觉剧场。

当然要混合颜色，但请在家中以同种方式混合，这意味着你可以混合更多并添加更多颜色！当怀疑这样做的效果时，并且如果房间开始看起来拥挤，请添加黑色和中性色的锚定装饰品，它们会打破一切，这将使你的混搭更加自由。

THE BEST THING ABOUT ACCESSORIZING IN A MAXIMALIST WAY IS THAT YOU GET TO CREATE A MULTI-SENSORY WONDERLAND.

以极繁主义风格进行设计的好处在于你可以创造一个多感官的“仙境”。

如果你是运用极繁主义风格设计的新手，我建议你从小处着手，然后以此开始。从走廊、客房、早餐角和浴室开始着手装饰。它们是在舒适区之外的可尝试开始设计的空间。因为它们是你经常进出的房间，所以几乎可以更自由地在这些地方创作“戏剧”。

我之前已经提到过，但我在这里再说一遍，对称有助于在极繁主义风格的房间里实现秩序，所以当谈到配饰时，如果你不断考虑平衡，你会发现你可以成功地打造很多层次（对称创造平衡）。如果你再也看不到确定的布局构图，你就会知道在对称方面做得过分了。

极繁主义风格意味着更多：更多你喜欢的东西，更多你喜欢的色调、配饰和面料。限制使用颜色，控制图案，不断重复，然后一切都会有凝聚力。以极繁主义风格进行设计的好处在于你可以创造一个多感官的“仙境”。

IDENTIFYING YOUR PALETTE

确定你的空间调色板

颜色是你可以执行的具变革性、可改变游戏规则的技巧。做对了，它会提升空间的精神和能量水平——活泼的红色或快乐的黄色，有人喜欢吗?弄错了，它们会让人避之不及!大胆的色调与极简主义的内饰相得益彰，你也可以用柔和的色彩打造美丽的家。

我非常喜欢用自己喜欢的颜色包围自己这样的设计理念。不一定是流行的颜色，不要在意是暖色，还是冷色，而是能与心产生共鸣的颜色。

颜色是情绪化的，因为我们对它的反应各不相同，它不仅具有改变空间的不可思议的能力，而且还能唤起某些情感。它真的很好用，对吧?

每种颜色都有其自己的心理学价值，因此请确保选择让你感觉良好的色调。问问自己你想在你的空间里有什么感觉。冷静和放松?活泼又有点反差?也许是舒服?和谐?例如，我喜欢深沉的、深湖底般的色调。沉静、高饱和度的色调强烈、永恒和精致。朴实而复杂的色彩具有影响力，因为它们可以放大舒适感，打造一个你永远不想离开的家。但是把我放在一个韦斯·安德森式的糖果店般的粉红色空间内，我很快就会去拿威士忌!

极繁主义风格的室内设计会堆叠使用颜色，但不要认为你必须完全采用大胆的金丝雀黄、番茄红或天蓝来展现外观。是的，极繁主义风格崇尚活力，但它也喜欢和谐。当色彩搭配时，我强烈建议使其个性化。如果可以的话，试着跳出思维框架去思考而不是安全行事，这样做你的房间会更加吸引人。安全行事会导致房间看起来平淡无奇。

关于颜色选择的重要的一点是，永远不要受潮流的影响。选择反映你的个性和喜好的颜色来使家变得美丽，而不是选择某些杂志或油漆公司认为的流行色。显然，诀窍是将你喜欢的颜色搭配成令人愉悦的组合。当你做对了，这种搭配方法会成为你的秘密公式，让你创造非常神奇的空间。热烈的、鼓舞人心的、有安全感的、充满活力的色彩多么美妙!

不要妥协或采取保守的设计方式。我从我的学生那里听到很多次这样的想法，墙壁应该保持中性，以防房子难以转售——为什么对于潜在的买家来说，墙壁必须保持沉闷?或者为什么他们选择了中性色沙发，而不是墨蓝色沙发?因为感觉前者更实用。避免使用彩色和担心错误的问题在于，保守设计会让你的家看起来以及感觉无聊。错误之一就是不越界。我知道鲜艳的颜色会让人感到害怕，但我们极繁主义者喜欢冒险!

浏览你自己的衣服——它会立即告诉你，你喜欢哪种颜色。正如可可·香奈儿所言，“世界上最好的颜色就是你穿起来好看的颜色。”你的衣橱是一个很好的起点，如果我看看我的衣橱，充满了全黑色、太妃糖色、粉棕色，还有一些中性色——所有这些颜色都是我在家里用过的颜色。

我发现特别有吸引力的一点是，房间的颜色会直接影响你的感受，所以要明智地选择。想想某些颜色如何影响你，它们会让你精力充沛，还是放松?弄清楚你想在每个房间中营造什么样的氛围，以及色彩如何帮助你实现这一目标。

颜色有改变房间大小的力量，它可以让房间感觉更宏伟，或更酷。如果你对杂志、图书和社交软件上的推荐感到困惑，请让你的心成为你的向导。

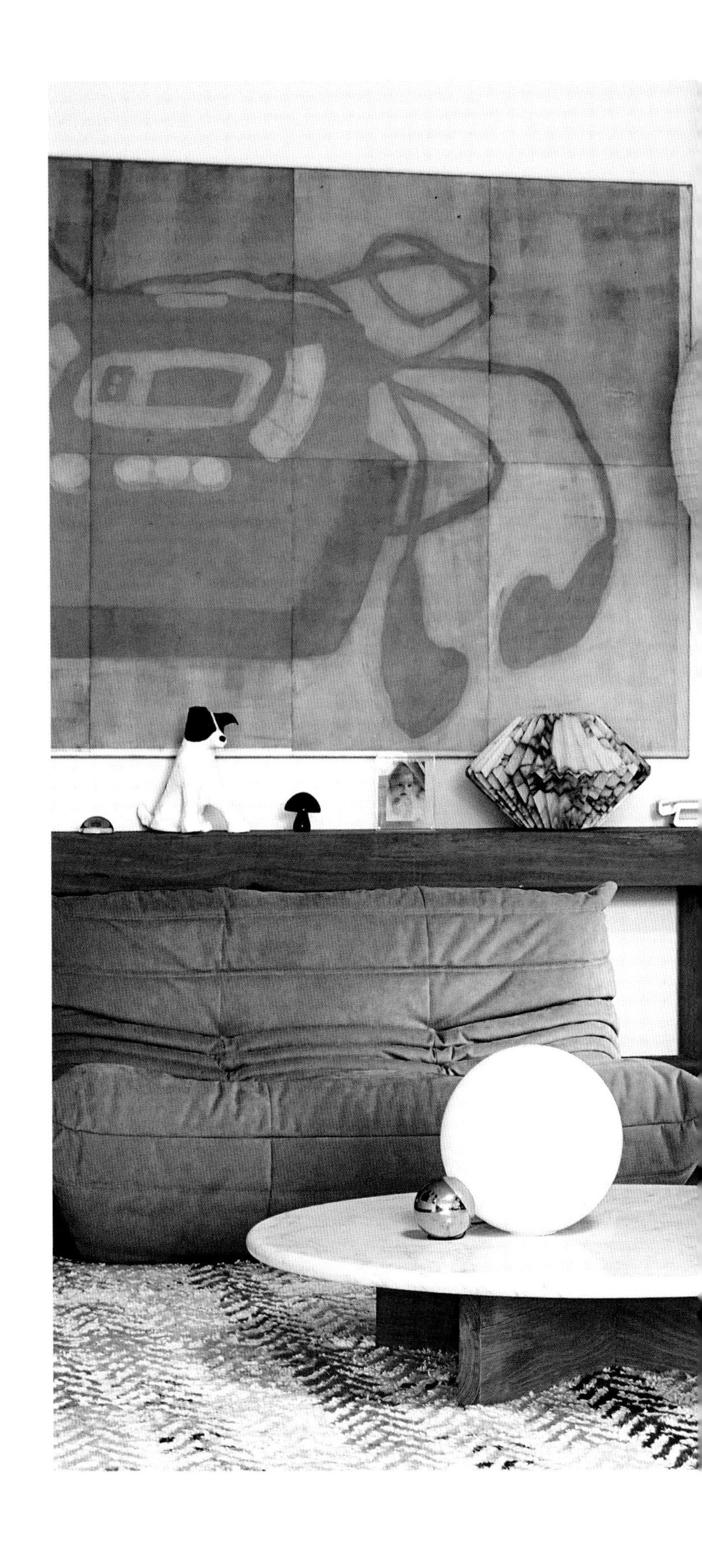

错误之一就是不越界。我知道鲜艳的颜色会让人感到害怕，但我们极繁主义者喜欢冒险!

VillemoT

SHOP YOUR OWN CLOTHING -
IT WILL INSTANTLY TELL YOU
WHICH COLOURS YOU GRAVITATE
TOWARDS. AS COCO CHANEL SO
SUCCINCTLY PUT IT, ‘THE BEST
COLOUR IN THE WORLD IS THE ONE
THAT LOOKS GOOD ON YOU.

浏览你自己的衣服——它会立即告诉你，你喜欢哪种颜色。正如可可·香奈儿所言，“世界上最好的颜色就是你穿起来好看的颜色。”

一旦你选择了你喜欢的颜色，试着限制房间里的颜色数量——最好不要超过三种，也可能是四种。在整个过程中重复这些颜色，它会给你的空间带来额外的光彩，并使设计看起来更有凝聚力。颜色要与地毯、花瓶和灯具的颜色相呼应。这将创造和谐、平衡和凝聚力。

太多的颜色会让房间看起来很乱——要做好色彩搭配需要一些实验，但要坚持下去。在确定你的用色前，我会鼓励你大胆选择，而不是保守进行，稍微走出你的舒适区，勇敢一点。

从小处着手，你无须立即重新粉刷所有墙壁，也无须每一件软装饰都采用大胆的色调。如果你的预设是暗淡苍白的，那么用彩色装饰可能看起来非常可怕，请尝试忽略这些恐惧。以小部分引入彩色，例如在花瓶、小饰品或一些蜡烛上。它将提升、改善并使空间充满视觉冲击力。你有信心，你就能做得更开放、更大胆。在你开始设计之前，你不知道它真的可以改变生活。颜色可以让你心潮澎湃。它让你在生活的态度和方式上更无畏、更大胆、更有活力——我承诺！

一旦你发现了这个错误，我会鼓励每一位极繁主义者开始为整个房子选择一个调色板，而不是根据需要选择颜色。在选择色彩时你可能会有很大的压力，优柔寡断，更不用说如果你不考虑整个空间，那么就会有奇怪的房间（或一些房间）与其他房间脱节的情况发生。每个空间，无论是一个开放式的，还是由几个房间组成的空间，都需要经过深思熟虑的色彩搭配。做极繁主义风格的室内设计有很多事情要思考，你不会想要因为色彩搭配的失败而使整体设计效果不佳，并产生一种不和谐的感觉。

在确定你的用色前，我会鼓励你大胆选择，而不是保守进行，稍微走出你的舒适区，勇敢一点。

更重要的是，你希望在房间或区域之间建立联系，因此当你在房间之间穿梭时，房间不是杂乱无章的，不是由不同颜色组成的大杂烩。相反，你希望房子里的每个房间都看起来来自同一个房子。从你花费最多时间的房间开始，例如客厅，然后在那里整合、协调并融合。在房间之间创造简单的和谐，将它们相互关联。要特别关注家庭的社交空间——客厅、厨房和餐厅都是关键。你不必使它们具有相同的颜色，只需确保正在创造这种潜意识的连续感。

简要说一些配色技巧。所有颜色都有温度，并且取决于它们落在色轮上的位置，它们是冷色，还是暖色。例如，红色、橙色和黄色是暖色的，相比之下蓝色和紫色是冷色的。在视觉上温暖的颜色似乎更高级，深色也是如此，这就是它们经常被用来使空间更舒适、更有安全感和更亲密的原因。相反的理论适用于冷色，以蓝色、绿色和浅紫色等颜色为代表——它们让空间显得平静和舒缓，有种大隐于世的感觉。不过，值得注意的是，请不要以为你可以用冷淡的色调粉刷一个小房间，在视觉和感受上把房间变大一万倍，因为它不会。我碰巧认为，如果你把一个小房间漆成深色调，你的眼睛就会忘记它有多小，而只关注它有多酷！

配色基础

现在我们需要分析设计中的固定元素，例如硬木地板、砖墙或石质台面，或橱柜尽管不必担心修整难度，因为它们都可以被轻松涂上漆。然后我们开始构建调色板。我给你举个例子：地下一层的地板是混凝土的，所以色调是冷灰色。我希望厨房和书房区域的油漆颜色具有温暖的色调，所以选择焦糖色，非常接近太妃糖色调。与凉爽的灰色地板形成鲜明对比。

大部分固定元素——比如混凝土地板和黑色石材台面——都有凉爽的底色，因此在粉刷墙壁时，将它们与温暖的颜色进行对比是非常令人兴奋的。当你使用对比的方法时，它可以让事情变得更加和谐和有趣。

另一个提示——如果你不喜欢你的地板，不要惊慌，这很容易解决。除了浴室，所有其他楼层都有橙色松木地板，这是我这栋19世纪60年代建造的伦敦联排别墅的原有地板。我讨厌它们涂上清漆后的样子，所以只是简单地将它们涂成与墙壁相同的色调，然后原有的样子立即消失了。如果你的家中有讨厌的瓷砖和乙烯基塑料，你可以很容易地用地毯去消除，然后用你的新覆盖物从头开始为你的调色板奠定基础。

当你使用对比的方法时，它可以让事情变得更加和谐和有趣。

你的个人配色方案

在确定你的配色方案时，要确定你想在家中营造的整体氛围。一旦你弄清楚了你想要的，你就可以随时随地寻找灵感：自然、时尚、面料、互联网。

在确定配色方案时需要考虑很多因素。它会起作用吗？会好看吗？你会讨厌它吗？如有疑问，请参考色轮。专业设计师一直依据色轮选择配色方案，它可以帮助指导你。有很多配色方案可供选择，但我将重点关注三个主要的：单色、类似色和互补色。

→在极繁主义风格的室内设计中你看不到很多单色方案，因为这种单一色调方案——整个色彩搭配方案基于单一颜色，然后通过该颜色的不同深浅度、色调和染色度来建立趣味性——有时会被认为是无聊的。不要将其视为使用单一深浅度的色调，而是选择一种基色搭配几种基色的变化色。例如，假设我想使用绿色：我将改变饱和度，从森林绿色到酸橙色、梨色、三叶草色、海沫色、橄榄色到祖母绿。或者棕色怎么样？它有很多变种：浅黄色、栗色、焦棕色、沙漠沙色、巧克力色。看看这样做会产生什么样的效果？采用单色来配色非常容易，当你使用不同饱和度的颜色时，感觉要复杂得多！一切都感觉和谐且具有视觉凝聚力，这类配色让你家中的装饰品更闪耀，因为色彩不会引起太多关注。如果设计视觉效果太混乱，单色配色可以（并且确实）简化设计。缺点是限制性很强，缺乏对比。你不能突然扔进一块黄绿色来让事情活跃起来。请记住要在纹理和饰面方面发挥创意，以便它们产生对比和补充的效果。

→类似色的配色方案，通常称为和谐方案，指使用在色轮上相邻的颜色进行搭配，因此通常涉及三种色调，所有这些色调都位于彼此相邻的位置。从技术上讲，类似的配色方案有一种主色（通常是原色或二次色），然后是辅助色（通常是二次色或三次色），然后是第三种颜色，它是前两种颜色的混合或强调色。明白了吗？你可以在此类案中添加中性色，以平衡所有颜色，或将此方案作为重点色调。此类方案的一些组合：蓝色、绿色和蓝绿色的搭配很漂亮；或者紫罗兰色、红紫罗兰色和红色的搭配怎么样，更大胆，但仍然超级酷？

→互补色是指在色轮上直接相对的颜色。它是三个方案中最有活力的，因为它都是关于对比的，所以效果超级活泼。通常，一种颜色作为主色调，其他颜色作为强调色。想想绿色配红色，或橙色配蓝色。此类方案需要添加中性色，因为它们可以为眼睛提供一个休息的地方，并防止设计效果变得不堪重负。

I AM SO DRAWN TO THE NOTION OF SURROUNDING YOURSELF WITH COLOURS THAT YOU LOVE. COLOURS THAT AREN'T NECESSARILY ON TREND, HOT OR COOL, BUT INSTEAD RESONATE WITH THE HEART.

我非常喜欢用自己喜欢的颜色包围自己这样的设计理念。不一定是流行的颜色，不要在意是暖色，还是冷色，而是能与心产生共鸣的颜色。

如果你想效果变得更复杂，还有其他方案。例如，三色方案，这是指选择色轮上的三种颜色，它们之间的间距相等。四面体结构有时被称为矩形方案，因为连接它们会在色轮上形成对应的形状——此方案主要指使用两对不同的互补色。

不要太沉迷于使用色轮，只要知道它是一个很好的工具就好，当你发现自己遇到难题时可以参考。它消除了所有的猜测，并为你提供了一场瞬间吸引注意力的视觉盛宴，使颜色可以很好地融合在一起。

颜色的喜好是个性化的，所以不要太担心是否遵守规则。然而，我倾向于认为成功的房间设计会将颜色保持在同一个色调系列中，因为太多强烈的色调可能会让感官不知所措。

在确定你的配色方案时，要确定你想在家中营造的整体氛围。

引入色彩

颜色可以以多种方式融入，从小饰品到墙上的大装饰物。我喜欢极繁主义风格的室内设计，但你不会在我的垫子上看到很多冲突的花哨颜色。花哨和极繁主义不是相互包容的。选择与你想要营造的氛围相匹配的颜色。所有颜色都有着不同的使命，并且不同的色调会产生不同的效果。例如，红色是火热和高能量的。也许适合家庭办公室，但不适合卧室，卧室可能需要一些更平静的颜色，例如绿色、粉红色或棕色。我喜欢在厨房里使用黄色调，无论是选择鲜花，还是花瓶，因为它是如此明亮和愉快——而这个房间是我开启新的一天的地方。

通常，极繁主义风格的室内设计因其大胆、疯狂、冷色调的过度刺激而受到抨击。找到一个色彩的中间地带很重要——在这里大胆的颜色被突出，但我们也需要为眼睛提供一个休息的地方，这就是中性色的用武之地。幸运的是，有一个简单的技巧，很多设计师都会参考，它被称为60/30/10规则。

世界各地的许多室内设计师都接受这一规则，因为它会创造在视觉上吸引人的，和谐的室内空间。根据这条规则，空间的60%将是基色，另外30%是强调色，然后10%是流行色。我已经为你进一步简化这条规则。墙壁、地毯和大型家具的配色占60%。可移动家具椅子、窗帘、床上用品和地毯的配色占30%，最后是靠垫、毯子、艺术品和配件的配色占10%！

当然，你可以不顾一切地打破规则来创建自己的公式。叛逆点——也许30/30/20/20的比例怎么样？无论你想获得什么样的感觉，只要注意空间的平衡并注意视觉效果就好。

在为你的极繁主义之家选择配色方案时，请记住，互补色方案往往会使房间更清爽、更引人注目，而类似色的配色方案更让人放松。

如果你的预设是暗淡苍白的，那么用彩色装饰可能看起来非常可怕，请尝试忽略这些恐惧。以小部分引入彩色，例如在花瓶、小饰品或一些蜡烛上。

改变色彩装饰方式的四个技巧

1.取一种颜色并重复。始终如一地重复。

2.与中性色结交。如果空间中的一切都感觉太过，请将中性色加入其中。中性色具有神奇的力量——它们可以使空间焕然一新，或将其饱和度降低，它们总是看起来优雅、精致和受欢迎。

3.一个房间里可以有多少种颜色是没有官方限制的。确认你是否做对的方法是，注意你使用的每种颜色并消除扰乱平衡的元素，直至房间获得平衡感。

4.颜色创造了一个视觉故事，所以如果你的空间感觉毫无惊喜或太乏味，通过添加一些与配色方案无关的颜色来修复它。这将为空间注入生机。

在选择颜色时，我最主要的建议是请你跟随自己的心。摒弃限制，消除隐藏的声音，例如，“你的小房间可以采用深色吗？”“是的，可以。”“朝南的房间可以涂成暖色调吗？”“可以。”跟随你的心，而不是你的头脑，不要与任何人讨论它。朋友、家人、设计师——当讨论颜色时，他们都会非常害怕，会试图让你失望，让你踩刹车。

黑暗与光明

戏剧性、优雅能够让任何房间显得超级精致、别致和永恒，这是我痴迷深色调的原因。沼泽般的墨色让空间感觉超级诱人，而且非常复杂——它们赋予房间灵魂！它们是神秘的代名词，角落因此变得模糊，空间因此感觉非常神奇。深色传达出一种强烈的酷感和夸张的舒适感，这是我所知道的。在黑暗的房间里，创造对比和平衡感很重要，所以大量使用类似木材、金属、藤条、天鹅绒或皮革等材质，并引入更浅、更大胆的颜色——它们真的会流行起来。

灰褐色、卡其色、雨云灰色和沙色都很容易让人眼前一亮，非常适合厌恶色彩的人，真的有助于极繁主义风格的室内设计。不要认为它们很无聊——通过混合纹理来创造对比。以温柔抵消粗犷；让亚光闪现光泽；使光滑与粗糙并存。中性色是操纵空间游戏的有力参与者。使用它们永远不会让空间变得太繁杂或太粗糙。纤细、凉爽、超然、温暖、热情，你不需要疯狂的色彩来让房间看起来活泼。

Clay
The HOUSE and GARDEN at GLENMORE
Living in the Countryside

用颜色装饰可能会令人生畏，我知道很多人都不喜欢过多颜色。如果你不熟悉颜色的使用，请从小处着手：例如，在墙上装点鲜艳的色彩，或者使用一些色彩缤纷的配饰扭转局面。永远记得用中性色抵消并不断重复颜色。就像所有有装饰的东西一样，为了让你的空间感觉有凝聚力并美观，你必须不断地重复。如果感觉太难了，请稍微了解一下色轮（第111页）。你会看到一些颜色如何自然地搭配在一起，而另一些颜色则相互冲突。作为一项规则，互补色（在色轮上彼此相对的那些）总是有效的。或者，选择主色两侧的颜色并在色调范围内选择。我非常喜欢使用以主色为基础不同色调的颜色，这给我的设计带来很多变化。例如，我可能会在墙壁上涂上淡淡的夏日云灰色，然后在地板上铺上一层深风雨般的木炭色地毯，上面放着奇怪的淡紫色及灰色配饰。这都是关于组合的，你越深入地研究颜色，你会越痴迷于此。

如果你在极繁主义风格的设计方案中限制颜色数量，你将获得更酷的效果。所以选择你的配色方案并重复它。使用“流动”的配色方案不仅让房间给人有凝聚力的感觉，还有助于房间之间的过渡。举个恰当的例子：当你站在走廊中间（漆成墨棕色）时，你可以看到我的工作室，它是深黑色的，也可以看到楼下的阳台，漆成墨绿色。这让人感觉用色是很稳定的，但使每个房间都是独立的。色调不同，但饱和度水平保持不变。

如果你用调色板建立了一个不过时的配色源泉，你就成功了。看着一切融合在一起，既令人惊讶，又令人愉悦——实际上提升生活的质感。用你喜欢的颜色包围自己，你的家将永远幸福。

CREATING A SENSE OF HOME

营造家的感觉

做极繁主义风格的设计就是要去成为一名调酒师和收藏家——这当然适用于怎样选择家具。从古老的古董梳妆台到20世纪中期的灯具，都是令人眼前一亮的随性创作。有影响力的空间是那些毫不费力地将不同时期、不同风格和不同地点的家具组合在一起的空间。

这样的空间品味起来是多面和多层次的。从远途旅行、跳蚤市场、商业街、画廊，甚至拐角处的商店中挑选的家具及装饰品创造的视觉冲击令人兴奋，刺激感官，这些不循规蹈矩的空间变得活跃起来。带着故事的家具及装饰品使人沉醉，引人入胜，营造出最酷的空间氛围。他们以极简主义风格无法做到的方式激发灵感。没有什么是为了存在而存在的——每一个元素本身就令人印象深刻。

这需要一点技巧，因为对于极繁主义风格的室内设计来说，是由设计师精心策划设计出的而不是胡乱摆放的，这点非常重要。你需要极大的信心并热衷将意想不到的部分混合在一起，但实际上这比你想象的要容易。我知道如果你以前从未涉足过混搭，那会让人感到有点不知所措，但不要害怕，因为有各种各样的技巧可以让它变得更容易。

要明白这一点：以有趣的方式轻松地将元素组合在一起，你将彻底改变你的家。看起来有点像与来自全球不同地方、不同年龄、不同兴趣的一大群客人举行晚宴。很有趣，对吧？这并不像听起来那么困难。这里有一些简单的装饰技巧，可帮助你在选择搭配家具风格时可以像调酒师一样思考。

→尽可能多地在家具或装饰品之间创造视觉冲突和反差（参见第52~56页）。诀窍是在相反且不相似的外部表面之间建立感觉，这会让效果更吸引人。因此，例如，你不会在有光泽的混凝土地板上将闪亮的金属桌子与有光泽的金属椅子搭配在一起，或者让房间充满棕色木色调。这太一维了。相反，你可能希望将大理石与藤条、黑色与金色、玻璃与木材、金属与天鹅绒结合起来——对比越多，它就越酷。请记住，粗糙的纹理使空间感觉更亲密和接地气，而光滑的纹理为空间带来更时尚、更精致的氛围——我们当然需要两者，因为对比可以保持平衡并提供趣味。如果一切都太相似，会让人看起来想打哈欠！

→成功的空间设计总是有一些共同点，联系起来，不一定是在风格上，而是在轮廓、材料、颜色或形式上，所以要确保在这几方面有一些联系。有两种方法：可以融合和协调，以便混合形状、色调、图案，或者可以故意对比，正如我们刚刚讨论的那样。当你添加对比时，你是在自由地、有意地做不平衡。这就是我经常做的事情，这就是我要创造视觉冲击的原因。在20世纪50年代的桌子旁边搭配一个中国屏风，这个空间会立刻变得活跃起来。在18世纪梳妆台旁边搭配现代椅子，或在雕刻华丽的旧印度橱柜旁边放置巴黎灯。眼睛不经意捕捉到的不可预测的瞬间就使房间充满活力。

→舒适是极繁主义风格的室内设计中反复出现的主题，无论你是将古典设计与现代简洁的线条相结合，还是搭配20世纪中期现代主义风格的简单轮廓。只要看起来舒服，什么都行。

→尤其重要的是家具风格的平衡，很多人都搞错了。过多采用一种风格，房间会使人感觉失去平衡。或者，如果一半是具有20世纪中期现代主义风格的氛围，而另一半则根本没有这种风格的感觉，那么差异就太大了。统筹全局地看待一个房间——考虑布局并考虑平衡。

因此，任何风格的家具都适用于极繁主义风格的空间，事实上，坚持一种风格的家具可能是有史以来最大的禁忌。如果可以的话，我鼓励你至少从三个不同的时间段混合。然后你就可以创造一个非常有趣和充满活力的空间。不要陷入追随特定趋势的陷阱——比如说，斯堪的纳维亚风格、20世纪中期现代主义风格或传统风格（见第29~30页）——只要选择你喜欢的。这样你就可以创建更多关于独具个人风格的多层次空间，因此这个空间将是独一无二的。

当混合多种风格时，最好弄清楚哪种风格占主导地位。以我的设计为例，我将寓意生命力，充满迷人魅力的部落风情贯穿在我设计的空间中。我更倾向于展现迷人的一面，而不是有生命力、前卫的一面，然后部落风情是我最后要加入的一面。至关重要的是，并非每种家具风格都在争夺注意力。我需要一个领导者，一个主导设计者，否则我的空间会像一团糟。如果各种风格从一开始就被分配了明确的角色，它们就不会互相争斗，这样不同的风格才能融合产生更好的效果。

不断问自己哪些风格对你有吸引力以及为什么。是形状、颜色、纹理，还是轮廓吸引你？深入研究这些原因将使你能够将不同风格的家具和装饰品联系在一起。

如果各种风格从一开始就被分配了明确的角色，它们就不会互相争斗，这样不同的风格才能融合产生更好的效果。

质地

质地的混合是极繁主义风格空间的基础。当你混合家具风格时，质地是一种强大的工具，可以统一、协调或者对比、脱颖而出。想想你房间里的每一种质地，从粗糙到光滑，从毛茸茸的地毯到质地粗糙的花盆、金属碗或玻璃灯。一切当然都有质感，但我所指的是因周围环境而凸显表面质感的物件，因这种凸显它们具有真实的触感。

你可以使质地融合，甚至混合，这一切都为眼睛增添了另一层吸引力。质地是被严重低估的装饰元素。你可以用它在几秒钟使空间氛围大变样。如果你的空间给人沉闷的感觉，使用多种质地就会轻而易举改变这种感觉。假设你的天鹅绒沙发相当缺乏质感。选择羊毛垫、金属皮革垫和蓬松的羊皮垫——这将使不同质地的表面产生冲突。不要忘记最重要的重复。你需要至少使用一种质地三次，才能使空间具有凝聚力。如果你从始至终运用质地的冲突来塑造氛围，这将帮助空间中的装饰更加美妙地联系在一起。

LOOSE LIVER
Alternative
CALENDAR
done by children in aid of
SAVE THE CHILDREN
ON SALE HERE

材料

对材料也应同样注意。例如，你不想最终得到一个充满灰色调的房间，从灰色的混凝土地板到灰色的陶瓷咖啡桌。而是应将木材与光滑的混凝土（或大理石或石灰华）混合。应加入更多质朴的材料，如茎条和藤条。选择闪光的饰面，也用可亚光饰面。加入玻璃，混合天鹅绒和马海毛。甚至木纹也可以产生对比或协调的效果。一般来说，较大的木纹看起来更随意，而较细的木纹倾向正式。我喜欢混合两者。木材有一种温暖的感觉。凭借其丰富的色调和多种饰面，它可使任何室内设计效果立即变得舒适。当你想到材料时，总是会考虑通过材料产生对比效果——它会帮助你创造一个有层次的、有趣的空间。

想象一座都市的景象，那里有大量的垂直线条和生动的线条节奏，让人目不暇接。我们需要对我们的室内设计做同样的事情。

规模

比例和规模有能力让房间温馨、神奇和有吸引力。如果一个空间中的所有东西都是相同的大小和比例，你会觉得你的房间就像是从家具商品目录的页面中被搬出来的——超级无聊。所以多样性绝对是关键。确保你选择了许多不同尺寸和比例的物品，例如桌子和软垫——这将取悦、吸引包括你自己在内的所有人。

想象一座的都市景象，那里有大量的垂直线条和生动的线条节奏，让人目不暇接。我们需要对我们的室内设计做同样的事情。始终将具有不同高度和形状的物品组合在一起。让所有的东西都保持相似的高度，看起来很平，所以结合高和矮、瘦和丰满来创造视觉兴趣。

现在开始运用比例——如果一切都采用完美比例，你的房间会显得很正式。试着把一个非常大的容器放在一张小桌子上，或者在一张大桌子旁边放一把小椅子。它会给你的房间一个感叹号，加点戏剧性。哦，在有人说这没有意义之前，这实际上就是重点。我们不想讲道理。“要么做大，要么不做”是我要说的。超大尺寸的单品可以作为焦点，在不让房间感觉太忙的情况下营造出轰动效应。规模实际上是装饰难题中最被忽视的元素之一。不要害怕去运用它。例如，将精致的家具（如小椅子）放在更沉、更重的咖啡桌旁边，这会看起来很漂亮。把一个大吊灯悬挂在桌子上方，太棒了。这些宏伟的景象使房间令人着迷。

PIECES THAT TELL A NARRATIVE TANTALIZE AND INTRIGUE THE SENSES AND MAKE FOR THE COOLEST SPACES AROUND. THEY INSPIRE IN A WAY THAT MINIMALISM JUST CAN'T.

带着故事的家具及装饰品使人沉醉，引人入胜，营造出最酷的空间氛围。它们以极简主义风格无法做到的方式激发灵感。

Stewart Free

2016 ADELAIDE BIENNIAL OF AUSTRALIAN ART
LOUIS VUITTON MARC JACOBS
NATURE MORTE
PETER BEARD
TASCHEN
ASSOULINE

把事情联系在一起

为拥有各种风格家具的房间创建关联，最简单方法是限制用色。当你使用内敛、克制的配色方案时，你的空间将始终显得美丽而和谐。颜色是非常好的统一者，限制用色可以在各个部分之间创造最佳的凝聚力。有这么多不同的风格，房间很容易显得凌乱和杂乱。然而，只需限制用色，你就可以让一切都感觉轻松、有凝聚力和统一。太多的颜色会影响整体感觉，所以如果你可以选择——无论家具风格如何变化，你的家总是会感觉很漂亮。我倾向于为每个房间选择三到四种颜色，然后通过使用深浅度不同的同色系颜色来改变和连接所有房间。不要害怕跟随你的直觉：不要跟随趋势和当下的热门事物，而是要跟随你的内心。

重复是极繁主义风格空间的基础，会让空间看起来是经过精心思考和策划设计出来的。当你混合不同的家具风格时，重复是非常重要的。重复的可以是颜色、材料、形式——我经常通过关注特定家具的线条来保持一致性，比如沙发，然后在整个空间的椅子、凳子或花瓶上重复体现曲线。

在材料方面，我经常会尝试用相同色调的木材来联系空间。如果我在一个房间里有很多木制家具，而不是所有的东西都是完全不同的色调，我更愿意让它们都保持相似。我经常喜欢胡桃木、杧果木或椰子木等硬木，它们的颜色比软木更深。这意味着我的印度复古雕刻梳妆台（由杧果木制成）在我的鸡翅木边桌旁边看起来很漂亮。两者都有浓重的深褐色调——太棒了！

我总是喜欢放入一件与其他任何东西都没有任何关系的家具，如果你愿意的话，可选择一件“古怪”的家具。它能吸引眼球并充当额外的焦点。与任何其他风格不同，在极繁主义风格的室内设计中，最好在一个房间里拥有三个焦点，以保持趣味性。

Tom Kundig Works

万能的椅子

我对椅子很着迷。它们毫不费力地将房间联系在一起，做得好可以使房间既别致，又不过时。如果你的空间缺乏焦点，或者感觉风格有点偏离预期，请考虑添加这种万能的家具。从带有豪华坐垫的深而舒适的扶手椅到轻便的扶手椅，你永远不会觉得拥有太多椅子。你可以通过摆放椅子为空间增加正式感，或者体现更多的休闲氛围。当你将带软垫的奢华椅子与某些线条流畅、粗犷有磨损的东西搭配在一起时，就会发生神奇的事情。我的家到处都放着椅子，从楼梯平台到壁龛旁。

随意地搭配餐椅有点困难，因为一张桌子周围有6~10把不匹配的椅子看起来超级凌乱。这样做，效果看起来会很棘手，所以我倾向于成对搭配。而且，尽管我非常喜欢房间中家具的高度形成的节奏感，但我认为在餐椅方面，座椅和靠背高度需要相似，否则会感觉有点脱节。要给每件家具颜色、风格或饰面上的关联。匹配的线条和形状将有助于统一一切。

在极繁主义风格的空间中混搭家具风格，选择放置的位置是关键。扪心自问，不同的家具会紧密地结合在一起吗？有时你可能希望它们互相对应，但如果它们都聚在一起，它们可能看起来不像它们在房间的另一边那么酷。我倾向于两者兼而有之：为了让不同的风格保持自己的特色，我需要在它们周围留出空间——这样它们就会更加突出。话虽如此，我也会把一些座位安排在一起，比如一些灯和一些临时桌子。

在家具方面，尽管你可以将几乎任何风格混合在一起，但某些组合会比其他组合更好。例如，超级传统的风格与乡村风格的搭配很难看起来正确。但现代风格与质朴风格呢？美丽的。任何亚洲元素都可以如此简单、如此美妙地与当代家具混合，创造出独特的场景。中古风格也是如此——正是现代风格与古董之间的张力创造了魔力。虽然现在听起来可能很吓人，但你采用越多的对比装饰手法，你的空间看起来就越酷。例如，你想要将卧室融合法国普罗旺斯风格、20世纪中期现代主义风格元素和一些当代艺术品？去吧。想要将大理石壁纸与粉蓝色沙发混合在一起吗？试试吧！显然不能很好地搭配在一起的东西往往会成为最有趣的设计。

现在听起来可能很吓人，但你采用越多的对比装饰手法，你的空间看起来就越酷。

家具的摆放

布置家具时要考虑的最重要的事情之一是交通动线。你可以画一个平面图，画一个草图，按比例用纸剪出家具——清单还在继续——但为了让流程正确，我会凭直觉去做。让我在房间里呆一会儿，我会很高兴地移动物品并推入到位，计算出我的交通动线。试一试。不要太沉迷其中，只要确保有足够的空间可以通过而不会绊倒一切。动线需要在房间和座位之间周围流动，但不要留出太大空间，这会使空间感觉空虚和凄凉。动线不应该是从房间的一端走到另一端的直线。如果是这种情况，我几乎可以向你保证，房间会看起来很无聊，因为很可能所有东西都被推到墙边。家具需要漂浮在中间——它使空间更加充满活力和舒适感。与其创造这个奇怪的死角，不如让对话区域更亲密，创造更好的平衡感。这甚至适用于狭小的空间。相信我，我知道这听起来违反直觉，但如果你想让你的房间看起来更大，不要把所有东西都推到墙边。“把家具推到墙边”的场景实际上是我最讨厌的事情之一——这样的空间看起来像医生的候诊室。即使在狭小的空间里，你也可以将家具从墙边移开一点，这样就不会发生物理接触。在那里放一个薄的架子或控制面板，叠起来，“砰砰！”魔术发生了，房间实际上感觉更大了。

布置家具的最佳方法之一是进行实验。不要陷入一种布局方式，移动，调换，重新定位家具布局，会给你的家带来全新的生活体验！你需要考虑摆放焦点、交谈区和平衡感。考虑家具的大小和位置，确保不是所有的大家具都在一个区域而另一个区域都是小家具，否则房间会感觉不平衡和不对称——因此会让人不安。哦，记得引入各种形状。如果一切都是直线，请添加曲线。以某种方式让一个房间看起来感觉非常具有挑战性，因为它非常有意义。如果一切都来自不同的时代，那么就很难平衡和协调。我喜欢混合，但如果事情太多，我不会完全那么做，或者会成对混合。正如我之前提到的，添加一点对称性会让事情变得不那么混乱。与其说一切都不同，不如说它感觉更平衡。显然你不想做得过火——采用配套的家具套装是一项重大的设计犯罪！

不要陷入一种布局方式，移动，调换，重新定位家具布局，会给你的家带来全新的生活体验！

在混搭家具时，我总是想出不同寻常的组合，比如把小凳子放在长腿桌子下，或者在餐桌旁边放一张沙发。美国人经常这样做——我认为这样非常奢侈。例如，把一个毛绒沙发固定在一张餐桌旁，只会引人尖叫“酷”。这是如此出乎意料的，太棒了。它不仅为空间增添了光彩，还增加了完全不同的舒适度。在任何地方，从楼梯平台到卧室，再到起居室，尝试创造一些可以闲谈的交谈区。有一些关于创造惬意交谈区的技巧。在大房间里，不要将自己限制在一个区域，小小的私密对话空间是如此舒适。在狭小的空间里，椅子旁边搭配一个小软垫凳子或脚凳会创造一个有趣的小区域。对打造层次的一些思考：在床尾添加长凳；在浴室和楼梯平台摆放凳子和椅子；可以随处摆放小桌子。说到咖啡桌，我通常会采用更大的桌子。这样一来，它们就充当了房间的锚定物，并提供了一个很好的平台来进行风格化，也更容易随意地摆放座位。

将旧家具与新家具相结合，将复古与质朴，现代与继承相结合，是使家居环境真正独一无二的原因。每件家具都有一个目的，在房间中给人一种冒险的感觉，很巧妙，充满了感官刺激。一旦你进入极繁主义风格的世界，就不会回头了！

在狭小的空间里，椅子旁边搭配一个小软垫凳子或脚凳会创造一个有趣的小区域。

CREATING AMBIENCE WITH LIGHTING

用照明营造氛围

我喜欢极繁主义风格的一点是它让你有机会以令人兴奋的新方式探索材料。在这种室内设计风格中，照明就是一切，营造氛围、气氛和心情。

通常，照明被看作是最后需要解决的问题。我们花了很长时间思考油漆颜色和房间布局，或者最新的沙发和椅子，把照明放在次要位置。这是一个错误，因为良好的照明可以完全改变空间。我说的不仅仅是照亮壁龛，它比这影响更深。灯光会影响我们的情绪，会导致直接影响空间的整体感觉。不久前我去了一家餐厅，那里有很冷色调的LED灯光，让我感觉就像在医院里一样。太糟糕了，我不得不离开。刺眼的白色眩光，坦率地说是无法忍受的！

当你采用正确的照明时，它会提升心情，激励并使你更快乐，更放松。如果你是从头开始或重新装修，请从创建照明计划开始。想想每个房间都发生了哪些活动——比如放松、睡觉、工作、吃饭——以及你想要强调的任何关键功能。

如果你的设计不是从头开始，请不要担心，只需考虑为每个房间添加多个光点，让台灯成为你的新宠；它们已经改变了我的室内设计（稍后会详细介绍）。

灯光可以让每一个单独的房间都变得更迷人，更有吸引力。做得好，它会让你着迷。你甚至没有意识到它，但如果做得不好，你会突然意识到它是多么不讨人喜欢。就像头顶太亮，爱迪生灯泡无处不在，或者采用一个孤立的吊灯。照明实际上是你的大脑记录的第一印象，在你注意到其他任何东西之前——舒适或朴素，你的大脑会在瞬间记录照明带给你的感受。

在我从事设计的这些年里，我认为照明是人们最容易出错的一个环节。听起来很简单，对吧？插上一盏灯，拨动开关，瞧！恐怕它比这更复杂一些。

DARK NOSTALGIA
TOWN
REAL
FOSCARINI
jazz
Ellen DeGeneres
NOMAD
VOO
ART
MAKES
LIFE

所有极繁主义风格的房间都需要结合三种类型的照明——氛围照明、重点照明和特定目标照明——来创建一个分层次的照明方案。照明应始终且仅与层次有关。除非嵌入式，否则任何类型的天花板灯都会使房间显得太亮。单独的台灯会使房间显得过于阴暗，而壁灯则过于沉闷。我们需要的是不同层次的不同光源，因为这样可以创造氛围和趣味。例如，向上照明可以使房间感觉更大；低垂的吊灯会产生高度的错觉；灯光集群使房间更舒适、更亲密：所以混合各种灯光吧！

还要考虑混合风格、形状、色调和纹理，以补充空间的整体设计，同时提供对比。影响对于照明来说非常重要。如果你混合了很多不同的风格——比如在我的家，我将黏土制的乡村风格灯挂在小型老式法国烛台上，一盏20世纪50年代的意大利台灯搭配一些我从大街上搜寻到的工艺品——并通过颜色将它们联系和协调在一起。不一定是相同的颜色，而是相同的颜色系列（对我来说是中性色和黑色），所以它们无缝融合，看起来像是注定要在一起的。吊灯、壁灯、台灯、落地灯齐聚一堂，和谐又有趣。

我们需要的是不同层次的不同光源，因为这样可以创造氛围和趣味。

永远不要消除阴影，它们在空间中也很重要。阴影创造神秘，神秘创造巧思。没有更暗、安静的区域，一切都是平淡乏味的，所以我们需要在明暗之间创造这种微妙的相互作用。阴影增加了深度，增加了维度、透视和真实感，使角落变得模糊和梦幻。

可调光也是所有照明方案的基础，在极繁主义风格中的采用多层次照明会比通过其他方式装饰让空间显得更漂亮，因此它们是营造氛围的重要工具。天花板上的任何光都应该是可调的，因为这会增加一个额外的维度，将你从最大亮度带到完全柔和的情绪环境中。当从白天不知不觉来到晚上，或者从夏天进入秋天时，它会给你更多的灵活性。通过降低光强度，你可以创造出美丽且富有情调、柔和且温暖的氛围光。

Nigel Slater the kitchen diaries
SLATER

用哪个灯泡?

我是传统派:我喜欢传统的白炽灯泡和它们发出的温暖光,但由于它们很难买到,我不得不接受LED,低能耗方案。

并非所有的白光都是一样的,有些是温暖的,就像烛光;有些是凉爽的,像冬天一样清冷。色温以开(K)为单位测量。我选择暖色灯泡并选择2000~3000K的色温。色温值越高,引入的蓝色就越多。这种蓝色给人一种可怕的仿佛身处医院般的感受,在需要这样感受的地方应该使用这样的灯泡!

对于浴室、卧室、餐厅和客厅,我建议使用2000~3000K的暖白色。对于特定目标的照明,可以说用较冷的白色灯泡(3000~4000K)更好。LED照明正在改进,只是还不能完全实现所有效果。它不能发出像白炽灯泡发出的琥珀色温暖光芒。

客厅照明

我喜欢为客厅设计照明，也许是因为在这里需要举办广泛的活动，所以有相当复杂的需求。在这里，我们阅读、娱乐、闲逛、工作和放松，这样的多用途空间需要一个真正的全方位照明方案。采用正确的照明，客厅会看起来充满魔力。

首先确定你需要安装灯具的位置，因此请始终围绕你的家具布置灯具。这是一种聚焦式的照明手法，为此你需要的是筒灯、书桌灯和阅读灯。

然后将精力放在氛围照明上。氛围照明模仿自然光并营造氛围，因此可以考虑使用吊灯、壁灯和台灯来营造柔和的光晕。

重点照明应能突出任何设计特征。例如，艺术品可以用上灯、下灯和聚光灯突出显示，但我主要用台灯来做，它可以创造出可爱的柔和光池。将照明引入置物架增加了更多的兴趣和深度，你甚至可以通过背光为置物架增加更多的戏剧性和深度——这将漂亮地勾勒出物体的轮廓。

最后，我认为所有的客厅都需要一个吊灯或枝形吊灯，一个位于房间中央的装饰装置。这就像添加最后一件珠宝，是一个重要的点睛之笔。在房间里放一盏枝形吊灯可以美化空间，让空间感觉更宏伟、更酷、更奢华。哦，只要有座位，就加一盏灯。我喜欢过量使用台灯——它们让局部空间发出温暖的光，真的很吸引眼球。

从地板到桌子，从天花板到墙壁，各式各样的灯具将使任何客厅都感觉超级舒适。请记住，将灯具设置在不同的高度是关键。

在房间里放一盏枝形吊灯可以美化空间，让空间感觉更宏伟、更酷、更奢华。

WHEN YOU GET THE LIGHTING RIGHT IT LIFTS YOUR MOOD, MOTIVATES YOU AND MAKES YOU HAPPIER AND FAR MORE RELAXED.

当你学会正确运用照明设计时，它会提升你的心情、激励你并让你更快乐、更放松。

HOW THEY WORK
WONDERPLANTS

厨房照明

厨房的照明相当复杂，因为如今的厨房具备非常多功能。厨房不再只是一个用烟熏香蒜酱搅拌烤胡萝卜的地方！它越来越像一个放松、娱乐，甚至工作的场所。让厨房采用正确的照明方式，不仅可以让它看起来更大更酷，实际上更会让你想在里面逗留更长时间。显然，食物准备区，比如厨房水槽和炉灶上方，需要工作照明。天花板上的嵌入式灯、岛台上的吊灯、橱柜或架子底部的LED灯条都是基本的，只要记住使用可调光。然后通过添加台灯和壁灯将这些空间带到更酷的层次。它不仅会让你的设计方案更有层次感和时尚感，还会营造一种更深不可测的氛围，在厨房里烹饪和用餐变得更加愉快。

走廊照明

走廊的照明是关键。它为进入空间的访客留下了第一印象，因此需要特别关注。这里是照明设计的挑战性区域，它们通常不是很大，也没有太多的东西，所以你的照明方案必须加倍努力来营造氛围和戏剧性。去寻找某种可以设定视觉基调的装饰性吊坠，但你也需要壁灯。壁灯非常适合狭窄的空间，桌子上或其它操作台面上的台灯也是如此。记住，照明的层次越多越有趣！

灯光可以让每个单独的房间都变得更迷人，更有吸引力。

卧室照明

卧室的照明应该与客厅及其他所有房间的照明设计类似——这意味着这里的照明设计需要在氛围照明、特定目标照明和重点照明之间找到适当的平衡。从基础开始:氛围照明。在天花板上安装吊灯和枝形吊灯等是一个很好的起点,然后是落地灯。在这种广泛照明的基础之上,应为需要更多注意力的活动(如阅读,甚至工作)添加目标照明——考虑台灯、低垂吊灯、壁灯和壁挂式工作灯。卧室中的重点照明应比氛围照明更柔和,营造出舒适的氛围并散发出令人愉悦的光芒。台灯和壁灯非常适合此类照明。同样,在卧室我总是会选择中央枝形吊灯,用两个床头灯供阅读(不一样的风格),将台灯放在桌面和梳妆台上,然后在角落里用造型新颖的落地灯完成整个卧室的照明。

阴影增加了深度,增加了维度、透视和真实感,使角落变得模糊和梦幻。

Aesop

浴室照明

浴室需要四种类型的照明：特定目标照明、氛围照明、装饰照明，哦，还有一点闪光！镜子周围的特定目标照明是关键。安装在镜子两侧与眼睛齐平的一对壁灯意味着没有阴影，这是剃须、化妆等的最佳场景。

将艺术品或雕塑放在浴室中可以将其提升到另一个层次，重点照明将使它得到最好的展示。装饰照明增加了趣味性，因此浴缸上方的美丽吊灯或枝形吊灯将起到此类作用。

氛围照明当然不能忽视——任何嵌入式或任何带有半透明阴影的吊灯都可以解决问题，当然，所有这些都要依赖调光器！我总是想在浴室里营造一种亲密感，让它感觉像水疗中心一样奢华。添加一束蜡烛和奇怪的装饰台灯，你就能做到。

灯具的选择

选择合适的固定灯具可以将沉闷、无聊的空间完全变成一个舒适、吸引人的休闲场所。除了作为商品之外，还可以将灯视为真正改变房间氛围的一件物品。在风格方面，选择是无穷无尽的——从质朴到传统，从现代到华丽。我倾向于选择可增强现有装饰效果并起到补充作用的灯具，而不是选择出挑的款式，但也不是完全绝对的。

灯具有很多选择，但台灯是我发现最具变革性的。它不像装饰性吊灯和高大的落地灯那么花哨，是我用来改变心情的首选工具。你可以使用它来添加颜色、对比度、纹理，并根据需要引入对称性。凭借自身的特色，它们可以完全融入房间的风格之中，或者同时为房间引入完全不同的氛围，为空间提供一个全新有趣的视觉焦点。台灯的选择很多。从工业风色调到闪闪发光的金色，你可以选择任何色调。加重一些，或者不加重。让情绪振奋一些，或者让情绪更加安定。你可以让灯具无缝融入环境，也可以让它脱颖而出。我一次又一次地做的事情是将两个完全不同的具有相似颜色或几何形状的台灯混合在一起，以使房间更具视觉对称性。

吊灯也是如此——它可以真正定义一个房间。单独放置在浴缸上方，或聚集在中央厨房岛台上方，它定义了一个空间，可以将一个沉闷的房间变成一个戏剧性的房间。吊灯有三种用途：氛围照明、特定目标照明或重点照明（突出特定区域）。当选择吊灯用作整体照明时，请考虑使用带有光扩散器的吊灯或使用半透明灯泡。作为特定目标照明的灯具选择顶部开放的吊灯。这确保了向下放射的光线不会太刺眼。对于特定目标重点照明，请选择可调光源。带灯罩的灯具光线会通过织物灯罩扩散，可投射出更柔和的光芒。对于特定目标照明，玻璃或亚克力可最大限度地提高光的输出。

我倾向于选择可增强现有装饰效果并起到补充作用的灯具，而不是选择出挑的款式，但也不是完全绝对的。

TIM WALKER PICTURES
LIVING JEAN
GERT VOORJANS

安装落地灯会瞬间让房间看起来更高。这确实有助于让空间最大化，因为我们会想要不断地抬起眼睛，这样做让房间感觉更宏伟。一个经典的室内设计技巧是利用垂直的装饰品让空间感觉更大。高挑的落地灯就可以做到这点，不要忘记它们可以添加多少颜色、纹理和个性。它们非常适合空旷的角落，因此可以轻松改造房间。无须彻底检修——我把落地灯当作秘密武器！它们可用于所有三种照明（氛围照明、特定目标照明和重点照明），并且可以单独或同时进行。例如，在客厅周围点缀一些，以创造氛围光，靠近椅子放置作为特定目标照明，放置在画作附近以突出显示（或强调）！它们营造出的可爱光晕可以创造一种新的心境并提升设计方案效果。无论是作为补充光，还是起到突出或对比的作用，他们都会为桌面带来更多精彩！

我是壁灯的忠实粉丝——它们通过漫射和轮廓光使空间感觉更舒适、更酷、更平衡。它们可以向上或向下引导光。向上灯将光线直接照射到天花板上，因此它们会引起人们的注意，并且非常适合使房间看起来比实际更大。筒灯让光线朝下照射，因此将灯具放置得越高，光线就会越向下投射。我喜欢筒灯，它们非常适合营造温暖、舒适的光芒。两者都可以最大限度地呈现照明的层次。当空间的顶部和底部有光线照射时，你的照明方案会感觉更加平衡，因为光线分布更均匀。在浴室里，将壁灯安装在镜子的侧面非常棒，这会增加视觉平衡。

在厨房中，采用多层次的照明方法（尽管它非常重要，但经常被忽视）可将壁灯安装在炊具的任一侧，或在准备食物的墙壁上或水槽上方，这将增加很多的视觉趣味。在卧室里，在床的两侧添加壁灯很漂亮，在客厅里，你可以将壁灯安在视线上方以避免任何眩光。还可以考虑降低一些，使它们成为可以倾斜，以照亮书页的阅读灯。在走廊里，这可能是最需要壁灯的地方，它们为尴尬的狭窄区域增添了视觉趣味——它们总是会吸引你。它们可以提供有用的小光点，也可以突出艺术品或建筑元素，你可以调整角度，以向上投射光，完美！我最喜欢在书柜外面放壁灯了。它使我展示的图书和无数的室内杂志更具特色。即使灯没有打开，它们也会创造出有趣的雕塑般的美感。

一个经典的室内设计技巧是利用垂直的装饰品让空间感觉更大。高挑的落地灯就可以做到这点，不要忘记它们可以添加多少颜色、纹理和个性。

无论你的空间有多大或多小，无论你住在海边还是乡村，住宅区还是市中心，添加一点额外的闪光都要精心考量。如果我遇到照明难题，我会添加一串仙女灯，立即为空间增添魅力，在几秒钟内提升我的空间，营造氛围并充分利用特殊功能。挂在镜子、壁炉、花圈上（我经常这样做），作为中心装饰品，它们会营造出神奇的光芒。用它们给架子增添一点意外惊喜，将它们披在植物上，甚至把它们带到室外。我把它们叠在艺术品上，赋予我的墙壁纹理，或者披在橱柜的边缘。一串闪烁的灯光会让我的布置更吸引人。不再只是为装饰圣诞树，它们使任何空间都变得完全神奇。我一年四季都在使用它们，因为它们增添了如此的光泽。

尺寸和大小

让我们谈谈灯的尺寸。我会鼓励你把每个房间里的造型新颖都加大。你只需要做一次，它就会创造出非常宏伟的气势。无论是枝形吊灯、吊灯，还是台灯，都会增添如此神奇的色彩。浴缸上的超大吊灯，或楼梯上的一串吊灯，添加一个让人感觉很大的灯是一个聪明的做法。这样做创造了视觉趣味，并为植物、图书或蜡烛等其他装饰元素的造型增添了重要的焦点。在我看来，越大越好，因为它代表了一种装饰态度。我喜欢走廊里或餐桌上的戏剧性装置，但请记住，当你使用造型新颖的装置使空间大放异彩时，其他一切都需要在规模上更小，以免产生竞争。

用几盏灯

当谈到极繁主义风格空间中的灯具数量时，更多的数量就意味着更多效应。极繁主义风格的空间平均需要8~10盏灯。拥有许多不同光源的优势在于，你可以更灵活地选择房间中要突出显示和吸引眼球的元素，而且你将获得所有这些灯具发出的美丽光芒。

饰面

在照明方面，材料和饰面也非常重要。在较暗的空间里，我喜欢使用反光材料的灯具，比如黄铜、水晶和玻璃。这可以提高亮度，但不要太过。与所有事物一样，多样性是关键。协调搭配适用于镜子或床两侧的壁灯，或者厨房岛上的几盏吊灯，但你不会希望你的桌子和落地灯匹配——这太沉闷了。

不要忘记灯具所在的表面。例如，木材比不锈钢或玻璃更容易反射光线。将一盏灯放在镜子前，魔法就会发生：你会让房间里的光线加倍。镜面非常适合反射光线。光泽涂料也会起到同样的作用，玻璃和大理石也是如此。

照明错误

如果房间照明良好，一切都看起来在最好的状态，感觉轻松舒适。如果你的空间感觉有点不对劲，请退后一步，看看是否犯了这些照明错误。

→最常见的错误之一是依赖顶灯，或者更确切地说是运用大量的顶灯，例如嵌入式灯。头顶投射的光是暗淡的，所以永远不应该只安装一个顶灯。它们需要与同类灯、特定目标照明灯和装饰照明灯同时亮起，否则空间将永远不会让人感到舒适和大气。单独使用嵌入式灯和顶灯就无法创造那种极繁主义风格室内设计的亲密感，要一直思考照明层次。如果灯光感觉不对，问问自己——你有足够的重点照明灯吗?

→通常是地板而不是墙壁被照亮。假设你在桌子上放了吊灯，或者在走廊里放了聚光灯，这实际上还不够。你正在用顶灯照亮地板，但也要突出墙壁——如果在你的房间周边有任何装饰焦点，请将灯朝向墙壁。这将为房间提供大量的反射光线，非常漂亮，特别是如果你的墙壁碰巧有像草布壁纸或裸露的砖块这样的纹理。当你照亮墙壁时，你的眼睛会立即被吸引到边缘，创造出更多空间的错觉，这是一种更柔和的照明方式。

→很容易忽视低处的照明。在地板上安装几个向上投光灯，可以投射出最美丽的阴影。酒店特别擅长这样做。你也可以效仿这种做法，突出显示壁炉、独立式浴缸或大型植物的底座。将LED添加到踢脚板上，以获得额外的氛围光!理想情况下，在一天中的不同时间，你需要多个电路来创造不同的场景和情绪——这非常重要。

当谈到极繁主义风格空间中的灯具数量时，更多的数量就意味着更多效应。极繁主义风格的空间平均需要8~10盏灯。

HOW TO STOP WORKING AND BE HAPPY
HOLFORD
Breakthrough Parenting
pets
Italian
ATHENA
A KIM JONG-IL PRODUCTION PAUL FISCHER

不要忘记室外空间。任何面向花园或阳台的房间都应该将色彩和物品相联系。如果你想引起人们对树种、栅栏或卡车的注意，请考虑安装一些恰当的向上投光灯和一些白色装饰，从家具到花盆。这样做将反射周围的光线并帮助使该区域看起来更大。

看看这个你点亮的极繁主义风格空间，就像我们在社交平台上关注的样板空间一样，如此吸引人。这个令人神魂颠倒、舒适的避难所，看起来像是属于荷兰画家的画作，或是出自汤姆·福特电影中的场景。织物在灯光下闪烁，被折叠起来，材料被柔和地照亮。灯光让人的情绪更敏感和感性。掌握这一点就像是成为一名炼金术士。这感觉很神奇。

FRANCESCA

STYLING YOUR SPACE

风格化你的空间

union graphique publicité
paris
DE PARIS
MAI 1973 -10H-19H
et vendredis jusqu'à 22H30

CHATEAU
PARIS
LA PEAU
CERVEAU
ENCÉPHALE
CERVELET
BULBE

你可以将任何房间变成一个唤醒所有感官的房间，并通过讲故事真正展示出它的精彩。怎么做呢？通过对配饰、织物床品、颜色和家具进行分层次的设计并风格化，以此打造具有个人风格化的室内设计。

通过使用我久经考验的设计技巧，你很快就会像专业人士一样进行风格化你的空间，以创造出让人感觉是经过精心策划、收集收藏得来的炫酷室内空间，也是能唤起温暖和放松感的空间。像大多数事情一样，这一切都归因于细节。不要担心你的装饰品有多么不拘一格，诀窍是能够将它们联系在一起，让它们看起来自然、独立，就好像它们总是注定要挂在一起一样。层次感是我让房间看起来非凡的秘密武器。一切都归结为一个特殊的词，装饰插曲：一种应用于物体，以使它们具有吸引力的技术。当你采用“装饰插曲”时，你就有能力改变一切！

创建一个装饰插曲

在室内设计的世界中，装饰插曲是一组装饰品，或者是一组创造有趣视觉焦点的特意排列的物品。装饰品看起来很和谐并讲述了一个关于你和你家的故事。通过艺术化的方式将各种物品融合在一起，你可以创造出最和谐的画面。装饰品在一起不是胡乱摆放，而是被精心策划地组合。

有一些技巧可以用来添置装饰插曲（难道不是一直都有吗？），你可以在任何地方创建它们，从铺盖到咖啡桌、餐具柜、茶几或入口桌。事实上，只要有表面，总是会想到创建一个装饰插曲：一个看起来轻松组合且引人注目的小场景。那么，该怎么做呢？

Slater
Keuken
dagboek
THE KINFOLK HOME
KATIE QUINN DAVIES
Fig. 5.
Fig 1.

→你首先需要选择一个主题物品，一个你看到它，眼睛就会立即放大并自然停留在此的物品。我说的是一个有故事的物品，一个在重量和高度上会对人的视觉产生真正影响的令人着迷的东西。你不希望在同一个地方有太多主题物品，因为它们会互相争斗，最终看起来很乱。如果它是一个小件物品，它将被组合中的其他物品淹没，所以从大开始。像一件雕塑、一个高花瓶、一幅画、一盏灯或一面镜子之类的东西——可以让你的创作看起来更高端。

→然后将其他一些物品聚集在一起——比如图书、蜡烛、艺术品和较小的照片——并将它们放在较大的主题物品周围。

→为了让你的装饰插曲更具凝聚力，在组合上可以打造成一个假想的A形或三角形。这是你可以一次又一次使用的技巧，特别是如果你不熟悉造型，这样做会防止你将装饰品摆成摆成一条天际线，分散焦点。将较短的物体放在外边缘，较高的物体在中间，瞧——你摆出了一个A形。

→对于任何更线性的东西，比方说一个长餐具柜、一个控制台或一个架子，放弃A形组合规则，而是确保摆放的所有部件之间有很强的关系。选择一两件超大尺寸的装饰品，再想一想高度——艺术品、镜子和灯具都非常适合。与其在物体之间留下很大的间隙，不如在高度上做文章，把东西交叉，关联和对接。通过颜色、纹理、图案和材料将它们联系在一起，但也可以采取对比的方式以使事情变得有趣。

→如果你想将装饰插曲创建出随意组合的感觉，让眼睛可以轻松移动，请在你的组合中引入不对称。不对称是最有趣的平衡类型，也是使空间最大化的关键。许多室内设计并没有巧妙的层次感，那是因为它们太对称了。如果你混合不同装饰品，而不是将之前的装饰品数量加倍，它会让效果看起来更有趣。例如，不对称设计的控制台可能一端有一面镜子，另一端有一幅画，两者的视觉重量相似。雕塑、照片、蜡烛、装饰盒在中间。你仍然需要让它感觉平衡，所以重复形式、材料、颜色和线条，但不要制造镜像效果或精确复制。由于极繁主义风格的空间包含不对称的装饰插曲，因此房间会让人感觉更加宜居、可爱和随性。哦，不对称不仅仅是通过大装饰品来创建的，你还可以以一个角度旋转一堆顶部放置蜡烛的书来创建。

Yeldham
SURRENDER
Amber Creswell Bell
loose leaf
MICKEY ROBERTSON
The HOUSE and GARDEN at GLENMORE
Living in the Countryside
TASCHEN
MARTYN THOMPSON
WORKING SPACE
MAISON

IN THE WORLD OF INTERIOR DESIGN, A VIGNETTE IS A GROUPING OF THINGS, OR AN ARRANGEMENT THAT CREATES AN INTERESTING FOCAL POINT.

在室内设计的世界中，装饰插曲是一组装饰品，或者是一组创造有趣视觉焦点的特意排列的物品。

→在风格化方面，平衡是关键。我们需要看起来有吸引力和凝聚力的东西。例如，你不会在桌子上的一端放置一面大镜子，而在另一端放置一株小植物。那会感觉太不平衡了。取而代之的是，在更高的位置用灯或画来平衡镜子。这样它就会在视觉上相联系；重量上看起来也更相近。话虽如此，我们总是需要一个多样化的装饰场景，所以当将物体放在一起时，想象这是一座城市的景观，建筑有不同的高度，而不是严格地排列。矮的、中等高度和高的装饰品让你的目光流连忘返并产生兴趣。

→你的背景会对你的装饰插曲产生重大影响；在高度图案化的壁纸前面摆放彩色艺术品可能会导致视觉混乱，因此在设计层次时始终考虑背景。后面墙上的颜色和/或图案将构成装饰插曲的基地，并真正主导构图，因此请谨慎行事。

→同样重要的是考虑装饰插曲下的家具表面材质。如果你的餐具柜碰巧用优雅的木纹或细工雕刻带有镶嵌，它会分散装饰品组合给人的注意力，所以在这种情况下，不要让装饰品过多。让家具表面发光。当然，任何简单明了的东西都可以包含更多内容。

RICHARD AVEDON PORTRAITS
nest
Nigel Slater the kitchen diaries
MARTYN THOMPSON WORKING SPACE
TARTINE BREAD
200 Years of Australian Cooking Hayes
DOROTHEA LANGE PHOTOGRAPHS OF A LIFETIME
HOUSE DIANE KEATON
An English Room
Irving Penn
The Art of Pasta
SO FRENCH
BASKETRY
ROCK THE SHACK
ANNIE LEIBOVITZ A Photographer's Life 1990-2005
JUST KIDS PATTI SMITH
BLACKBIRD SINGING Paul McCartney
AT ELIZABETH DAVID'S TABLE
THE STORY OF ART
a life less ordinary
INTERIORS
VILÉM HECKEL · CLIMBING IN THE CAUCASUS
Bill Henson MNEMOSYNE
SIEFF
UNTITLED DIANE ARBUS

→想让极繁主义风格的空间给人精心策划的感觉最简单方法是给装饰插曲中的项目一个挂在一起的理由。通过重复颜色、纹理、材料、形状，甚至图案，这样眼睛会愉快地在你的装饰插曲周围移动。

→我们还需要让装饰品之间产生视觉冲突（见第52~56页）和对比——意想不到的组合，让眼睛充满活力。例如，一个古老的古董花瓶，带有美丽的锈迹和如花园苔藓般的纹理，看起来会很漂亮。再比如一个粗编篮子里的光滑、有光泽的多肉植物。对比是关键——它让事情变得有趣和耐人寻味。

→关联感是关键。如果你不将装饰品交叉摆放，它们就会失去联系，并且可能看起来像是要被摆放在车库里准备售卖！要不断地考虑在视觉上连接一切。把镜子或艺术品挂得低些，让其他装饰品和它关联。

→退后一步，看看你组合的装饰插曲，仔细检查它。它需要再添加一些，还是要减少一些？我永远在思考我的装饰品组合是否令人满意。

在装饰插曲中使用什么装饰品

图书是我的第一选择，因为它们赋予了装饰插曲深度、图案、色彩和魅力。它们代表了我们的热情和兴趣。你可以将它们堆叠成不同的高度，可以在上面放置蜡烛和植物等较小的物体，以增加层次感。图书会立即使空间感觉宾至如归。要同时垂直和水平堆叠图书，以确保摆放看起来不乏味。直立的书堆感觉更平衡，水平的书堆可以作为配件的底座。任何太闪亮的图书，我都会拆掉封套，通常会露出封套下更亚光和质朴的皮壳。

如果你有很多高度相似的小配件，请将它们固定在托盘或盘子上。这将使你的组合看起来更加风格化，并且让组合随机装饰品成为可能。哦，总是要考虑高度，即使在咖啡桌等高度低的家具上也是如此。将书堆起来，装进箱子，这样做会带来很多趣味性。

水樽、陶瓷花瓶、碗——这些都是真正能赋予视觉魅力的装饰品。

你可以将植物分组摆放来作装饰，可以利用不同植物的形状与表面质地产生装饰效果：羽毛状、闪亮的、尖尖的、有光泽的、亚光的。

当你开始设计架子和桌子的装饰品时，很容易失败，但一个简单的技巧是始终先从较大的物品开始选择，可以是编织篮子、艺术品，也可以是雕塑。这将帮助你获得正确的比例和平衡，并为空间提供基本布局。将“装饰插曲”提升到一个级别的那一刻就是你引入装饰品的时候。你从旅行中收集到的任何物品都很适合作为装饰品，我最喜欢的一些装饰品是我在亚洲的市场及露天市场找到的。一个我几乎每天都在做饭时使用的旧盖碗非常漂亮地放在架子上，一个来自印度的手工锤纹金属碗也是如此。水瓶、陶瓷花瓶、碗——这些都是真正能赋予视觉魅力的装饰品。此外，它们是很好的聚焦装饰品。

透明装饰品非常适合极繁主义风格的空间，玻璃碗或亚克力盒子之类的任何东西，可添加层次且不阻挡它们背后的东西。捕捉光线的物品，如茶灯、镜面盒子、镀金框架和碗，可增加了一个全新的维度。闪亮而清晰的表面打破了密集的排列，因此不会让人感觉太沉重。

没有什么比鲜花和植物更能让房间的布置鲜活起来。如有疑问（即使没有疑问），添加一些盆栽植物。这是添加额外维度的最简单且即时有效的方法。我像使用配饰一样使用花卉和植物。无论是单根仙人掌，还是小群仙人掌，它们使各个角落变得活跃起来，并且是我“装饰武器”库中的强大工具。你可以将植物分组摆放来作装饰，可以利用不同植物的形状与表面质地产生装饰效果：羽毛状、闪亮的、尖尖的、有光泽的、亚光的。只需保持使用色调相似的花盆，就可以进一步提升植物装饰作用。请限制颜色和纹理的使用。

要一直，一直，一直在你的画面中引入曲线。曲线打破了布置和房间中的直线——它们有一种神奇的能力，可以从你的视线中去除边缘，使房间看起来更柔和。曲线给我们一种舒适和安全的感觉。弯曲的花瓶、装饰花盆、蜡烛可以柔化镜子和绘画上较硬的边缘线条，并产生冲突效果。当你将圆形装饰品添加到线性家具或架子上时，具有强烈水平线的家具与曲线装饰品完美平衡。请用曲线吸引眼球。

MODERNTIMES
DAVID BOWIE IS INSIDE
Nolan
COOKED
VANITY FAIR
FRIDA KAHLO
ROBUSTA

极繁主义风格的空间通常让人感觉既充满活力又放松，实现这一点的技巧之一是保持开放式存储与封闭式存储之间的平衡。所以任何实用的东西都会在视线里消失，被放进抽屉，然后花瓶、烛台、咖啡桌，图书等更具装饰性的精美装饰品会在开放式货架和表面上脱颖而出。当你像这样设计时，实际上是将装饰品的外观和感觉放在更重要的位置，而不是仅仅追求展现出很多东西。将碗、面具或陶器之类的收藏品分组摆放，让任何布置看起来都是奢华的，经过精心设计的，而不仅是摆满物品。那么你正在创建让视线可以停留的场景。

将艺术品分组摆放是将颜色、纹理和图案注入你的极繁主义风格空间的绝佳方式。不要害怕混合不同时期和风格的艺术品——从儿童手工到画作，到海报，再到从跳蚤市场发现的艺术品。我个人认为挂满照片、绘画和版画的墙壁会营造出富有表现力的氛围，是注入个性的绝佳方式。

请暂时忘记悬挂，考虑将艺术品靠在墙边、桌子上或地板上，这样做会营造休闲又酷的氛围。将一堆不同高度但能体现相似情绪的装饰品聚集到你的装饰插曲中，这样就会感觉装饰是经过精心策划的，让你的选择显得理所应当。这可能在桌子上或地板上——这样做增加了很多维度。当你改变陈列的方式时，当你使用不同的技术，如悬挂、支撑、堆叠或倾斜，一切看起来都更有趣。

可以摆放装饰插曲的地方

置物架有能力完全扭转房间的氛围，无论它们是悬空的（那些似乎用隐藏的支架支撑起来的）、内置的还是独立的。它们是展示收藏品和提升艺术品的好地方。例如，你可以用全部铺着地板的空间中摆放一件艺术品，或者在餐厅中选择骨架式搁板来摆放收藏品，这样做可以增加秩序感。

当你像这样设计时，实际上是将装饰品的外观和感觉放在更重要的位置，而不是仅仅追求展现出很多东西。

CAPTAIN
AMERICA
HELMUT

装饰插曲是一种很好的工具，可以将视线从任何有问题的事物上移开，而且很容易移开。棘手的壁龛可以用几个简单的架子、一堆书、一些艺术品、造型奇特的植物、一盏灯，或在底部加一个凳子来改造。我喜欢把架子漆成和墙壁一样的颜色，这样我的装饰品就会成为展览的中心，而架子本身似乎消失了。使用合适的色彩会让置物架与墙面感觉更加紧密。

在任何地方使用照明，从突出艺术品的壁灯到餐具柜和置物架上的迷你台灯，以增加庄严感。置物架总是要展现出丰富的装饰功能，所以把东西堆起来，记住要改变色调、纹理和颜色。如果一切都开始看起来太多，请引入白色，因为白色可以使人情绪稳定。考虑添加白色的装饰品，如白色的绣球花、乳白色的手工陶瓷或奶油色的灯。

将你的装饰插曲分层次的目的是，它们可以通过取悦你的眼睛来增加你的身体舒适度。我知道在随心所欲地为装饰品分组和完全杂乱地摆放它们之间有一条细线，但这就是在我们的极繁主义风格空间中使用装饰插曲的原因。这种分层次的做法让装饰品独特的组合方式变得不那么刻意。如果你按层次设计，则可以让装饰品组合更加随意。将装饰品分组吸引注意力并创建强大的焦点。请记住保持高度和宽度的变化，我知道这是显而易见的，但是太多的细长或笨重的装饰品不会构成一个有趣的方案。

不要停在那里，把地毯叠起来，把大型植物混在一起，把所有东西都重叠起来。当你部分掩盖某些东西时，会产生一种神秘感。例如，一盏灯与一件艺术品重叠，或者一个花瓶与雕塑重叠。这样做会让你想要更多地探索空间，并使室内设计更具吸引力。

如果你对从哪里开始使用装饰插曲感到困惑，那么可以将推车当作出色的移动桌子，可以让任何壁龛或角落都感觉特别。在装饰插曲中，我总是选择一些意想不到的东西，比如雕塑、一件带框的艺术品（倾斜或悬挂）和一盏灯。拿掉酒，只添加新奇漂亮的醒酒器皿、仙人掌和一摞书——分好类！

我喜欢用镜子或大型艺术品作为焦点，这或多或少决定了装饰计划的其余部分。瞄准高度和颜色的混合，以保持让视线移动，并记住采用图书和植物。

梳妆台是非常适合摆放装饰品的地方。从最高的装饰品开始——倾斜、支撑、交叉。艺术品总是有效的；然后尝试在一些图书上添加一盏灯、一个漂亮的盘子、一个花瓶和一支蜡烛。记住要混合纹理（闪亮、亚光、粗糙和光滑），还要在高度上进行调整，以创造有趣的场景。

将装饰品分组吸引注意力并创建强大的焦点。它们为空间提供恰到好处的意外惊喜。

PAUL ROYER
PIES
WITH SAUCE

学会相信你的眼睛并打破一些规则。

在让咖啡桌的装饰效果更具风格时，请始终从上方俯视它。选择模仿桌子形状的物品，从盒子到书本，然后添加奇异的圆形物品（如果桌子恰好是方形或矩形），以分解所有内容。堆叠的东西很好，因为它们增加了水平面的深度。哦，总是要加一个盒子来隐藏丑陋的遥控器！

加一点点幽默，一些意想不到的或有点古怪的东西会让房间更宜居并人性化。过度装饰的房间会让人觉得夸张且了无生趣。宽松、随和、舒适才是该有的样子。总是添加一些奇怪的不相关的物品，比如一些诙谐的点缀，从陶瓷贵宾犬灯到复活节岛的仿制雕塑。最简单的装饰技巧之一就是添加让你心跳加速的装饰品。除了让你微笑的东西之外，它们不需要任何技能或复杂的理解。它们不知不觉地使人开心，这类让人心情愉悦的艺术品可以是动物、雕塑或儿童手工之类的任何东西。学会相信你的眼睛并打破一些规则。将图片挂在眼睛下方，并用小凳子或桌子、一堆书和一盏灯固定。太迷人的！

仅仅收集东西是不够的。我在某处获得的物品就像单词，需要将它们组合成有意义的句子。像纸条、明信片或火柴盒这样的小东西，将它们融入艺术氛围中，放置在花瓶附近，经过深思熟虑后组合在一起，看起来会很漂亮。风格化就是将可以创造强烈视觉效果的装饰品进行组合。

无论你混合什么装饰品，微不足道的或重要的，当它们共享一种颜色、材料、色调、形状时，它们会立即成为一个有价值的“装饰插曲”。

我认为我生活中的乐趣之一就是重新安排及重新排列事物、图片、图书、小玩意——这非常有趣。设计“装饰插曲”不是一次性的工作，它会被调整、编辑、反复考量。当你正确地去做时，就会产生神奇的效果。

CHALLENGE THE NORM

挑战常规

在极繁主义风格的空间中，永远不应低估两个重要元素——图案和纹理。你可以通过混合使用令人难以置信的材料和图案来创造引人注目的室内设计。每个元素都可以充满能量，也可以使人平静、被治愈和舒缓。采用正确的图案和正确的纹理将帮助你创造美丽的空间。

图案和纹理都有能力讲述一个故事，一个关于你的故事。想要舒适的波希米亚风情?那么就用粗糙的纹理提供温暖的感觉。部落风情、松散的、自由流动的图案可赋予空间一种悠闲的氛围。用大胆的条纹搭配格子花呢，用扎染织物搭配深色调的几何图案，用柔软编织的毯子搭配稀石灰，用磨光的大理石搭配瓷色木材，用漆黄铜搭配浇注的混凝土，这些元素——如果搭配得当——可以让家看起来更平衡，更受欢迎和更酷，超出你的想象。

没有纹理和图案之间的相互作用，任何空间都是不完整的。你可能拥有合适的照明、最令人难以置信的配色方案，甚至还有一系列漂亮的装饰品，除非你了解如何组合、展现和运用这两个主要元素，否则你将无法提升房间环境氛围。我总是用香草或香料之类的图案和质地——它们可以增加活力和深度。

纹理

你是否曾经装饰过房间并想知道缺少什么?觉得有点不对劲，是吗?纹理很可能是难以捉摸的组成部分。纹理创造舒适、兴趣和焦点——非常巧妙。我发现它经常被忽视，这听起来很奇怪，因为一切都有自己的质地，对吧?是的，使用正确的纹理，这是极繁主义风格室内设计的基础。

有两种认知纹理的方法。

→以视觉方式：第一眼就能立即吸引你的视觉感官。

→以触觉方式：它几乎迫使你通过点燃你的触觉来抚摸它。

两者的巧妙结合为空间增添了真正的深度。

与极繁主义风格设计中的其他要素一样，一切都在混合中产生。想想光滑、柔滑、带光泽的材质与粗糙、自然和带竹节的材质搭配。当你搭配纹理时，你会通过创造变化、趣味性和深度来激发想象力。光滑、粗糙、凹凸不平或平坦，材料的表面纹理将对你的空间产生很大影响。更有趣的是，当你实际查看材料的表面时，你对该表面的感知会受到相邻纹理的极大影响，这就是为什么在这种情况下，你希望两种相邻材料的纹理是有差异的。因此，当你将粗糙表面与光滑表面配对时，实际上是在同时提升两者的影响。粗糙的表面看起来更有质感，光滑的表面看起来更光滑、更平坦。这个做法很巧妙，不是吗？

使用纹理意味着使用各种不同表面的材料，从表面不均匀的材料到表面反光的材料，而正是这些表面的光影相互作用创造了如此多的吸引力。光与纹理相互作用的方式会增加各种材料的特征、维度和深度，更不用说氛围了。

某些纹理吸收或漫射光线，而其他纹理则反射光线。丝绸、缎子、不锈钢、光面漆和大理石都具有反射光线的特点，从而照亮空间。粗糙的石头、风化的木材和亚麻布则相反，它们吸收光线，因此它们的颜色影响更微妙，这些纹理感觉更温暖、更柔软。因此，如果你想将更多光线引入空间，请使用反光材料，并在光线过多或需要使其感觉更惬意、更舒适时使用更暗、吸收性更强的材料。

真正的魔法发生在你用不同纹理的材质做搭配时，比如说，一把有丝绸垫子的豪华天鹅绒扶手椅，旁边是一盏带有酒椰叶灯罩的发光玻璃灯，它将柔和的光晕投射到羊毛地毯上。反光材料与有吸光性的材料搭配超级好！羊毛实际上是一种不透明的纤维，既不折射也不反射光，但它是如此接地气、舒适的材料，我实际上在任何地方都使用它！

不同的纹理会对情绪产生重大影响，因此要创建你梦想中的极繁主义风格空间，你需要分别考虑每个材质的纹理，但也需要整体考虑，将它们分好层次并与其他纹理结合，以在整个过程中创造深度和视觉吸引力。还要记住，纹理来自房间本身，而不仅仅是你用什么填充它。墙壁、地板和天花板都可以进行奇妙的纹理处理，从漂亮的石灰水洗漆到有光泽的瓷砖，将混凝土与木地板拼接。

当你搭配纹理时，你会通过创造变化、趣味性和深度来激发想象力。光滑、粗糙、凹凸不平或平坦，材料的表面纹理将对你的空间产生很大影响。

ON SALE HERE
BROTHER

重复，重复，重复你房间里的纹理。否则房间会感到超负荷和失去平衡。如果我要列出我自己的纹理清单，我知道我本能地倾向于更粗犷、更温暖的纹理，而不是有光泽、带闪光的纹理。很明显，这是很主观的，但这些纹理很舒服，这就是我想在房间里感受到的感觉，仿佛被包裹在一个纹理舒适的毯子里。但是，我仍然需要点缀更光亮、更光滑的质地，否则会感觉太多。这是一种平衡的做法，所以相信你的直觉。如果你的家感觉不够舒适，请添加更柔软的纹理，如果感觉太多，则将其削减并引入更多反光的装饰品。

用纹理装饰的好处是，你永远不会真正地过度使用它。

与你必须不断克制使用以避免看起来混乱的图案不同，在纹理的使用具有更大的灵活性。有很多简单的方法可以将纹理带入你的空间。

→提升空间质感的最快方法是使用纺织品：靠垫、床上用品、毯子和地毯。我称这些物品为装饰界的“五分钟整容”。他们可以在几分钟内改变空间的感觉。我个人认为地毯使房间更完整，让人感觉更温馨。我会在家的各处铺上地毯，从楼梯平台到走廊，从浴室到卧室。你可以将多块地毯层叠在一起，将平织与竹节编织的地毯混合，将基里姆地毯与柏柏尔地毯混搭，有很多令人惊喜的选择。

→植物成分增加了质感。我喜欢羽毛般的蒲苇，比如说，粗犷的黏土花瓶或黏土容器中的种子荚。枯萎的树枝，长满苔藓的树枝，长长的桉树茎——不同的形状，不同色调的绿色和棕色都挂在一起。我控制使用颜色并增加纹理以保持有趣，所以主角不是颜色，而是纹理。不仅形态、叶形、花瓣、色相、高矮不同，暗淡、亚光、闪亮、亮泽的质感也不同，才能产生最引人注目的效果。每一种植物都会在绿色和棕色的饱和度水平上下波动，但后来我将它们进一步联系在一起。我会将羽毛般的蒲苇放在我的亚光墙壁上，在我光滑的石头中央岛台上放置亚光尾叶，并在手工编织的篮子附近添加闪亮的桉树茎。闪亮、缎面、亚光、暗淡、竹节——美丽的组合。一切都联系在一起，一切都不同。

任何认识我的人都会知道我对人造植物的痴迷，事实上，我的使命是让它们再次变得时尚。最好的是手绘的有美丽的褪色人造植物，这使它们看起来超级逼真。使用它们很容易塑造空间风格，为你的家增添许多质感，你可以永远保留它们！

其实在设计很多非常酷的极繁主义风格空间时，设计师在使用纹理方面都有很明确的想法，也因此这些空间才更加引人注目、意想不到和有趣。

→家具饰面的质地纹理在其中也起着重要作用，并且考虑到这些家具通常很大，因此将对你的空间氛围产生重大影响。一件家具上的纹理可以创造一个微妙的焦点，如木材或金属、石头或混凝土，或者你可以寻求更多的纹理表现。深藏红花黄色的羊绒搭配马海毛软垫沙发营造出完全不同的氛围。只要记住尽可能多地采用对比的装饰方法。我在皮椅上放着羊毛垫子和羊皮，在金属桌上我放着木盆和蔓生植物。我一直在思考用装饰去产生对比。

→图书是一种极好的有纹理的装饰工具，我的家里到处摆着图书。从边桌、架子和咖啡桌上的小书堆到我办公室的落地书柜，我将它们垂直和水平地堆叠在一起。闪亮或亚光的，带图案或素色的，它们是引人注目的组合，增加了氛围的深度。

→在引入纹理时，要打破常规——添加灯罩、手工小花盆、可移动桌子、壁纸、油漆，怎么样？书柜上的马特釉花盆，旁边是光滑的框架，或在石炉旁铺上柔软的编织地毯。一切都可以从增加层次的角度来考量——沉浸式的引人入胜的层次让空间更立体，会给人带来巨大的快乐。

用纹理装饰的好处是，你永远不会真正地过度使用它。

用光添加纹理

照明对房间中的纹理起着重要作用。例如，手工制作的陶瓷台灯与镀铬吊灯给人的非常不同。暖光产生更柔和的环境光，而白光更刺眼。在哪里放置是关键。一个角落可以绽放成吸引你的阅读区；厨房岛台可以点缀如舞台灯光般的光点。一切都是为了将不同风格融合，选择合适的灯泡（参见第164页），并在整个空间中打造不同层次的光线，这样你就可以获得一个引人注目的、明亮的、有质感的空间。例如，一盏灯照射在稀石灰或混凝土的墙壁上，会投射出令人难以置信的阴影。直接照亮表面会增强它，而漫射照明会减损它并产生模糊的角落和神秘感。

一个警告：你采用的纹理越多，你就越需要限制颜色的使用，否则你的空间会看起来一团糟。你不能在不限制颜色的情况下混合无数不同的风格、时期和纹理的家具和装饰品——否则就会感觉房间没有被精心设计。尽管采用对比的设计手法会让各区域的装饰看起来更有趣，但它们必须相互呼应。是的，变化是关键，但它们必须联系起来才能取悦眼睛。

然而，纹理太少的房间会让人感觉太不立体了，所以不要害怕尝试使用纹理。想象一个餐厅，有光滑的混凝土地板、光滑的桌子、闪亮的金属椅子，哦，角落里还有一个光滑的漆柜。 一切都很顺利，也因此房间让人感觉无菌但没有吸引力。纹理可以创造或破坏空间，所以买你喜欢的东西（这样无论趋势如何，你的设计都会有一席之地），但要确保考量纹理，无论是超级闪光，还是更柔和具有吸水性的亚光——让它们融合在一起。

我认为有一种误解，认为极繁主义风格的设计师只是随意堆砌不同的材料和纹理然后期待能有最好的结果。其实在设计很多非常酷的极繁主义风格空间时，设计师在使用纹理方面都有很明确的想法，也因此这些空间才更加引人注目、意想不到和有趣。

图案

极繁主义风格的室内设计喜欢使用图案，因为它增加了趣味性和戏剧性。当你运用比例，开始巧妙地使用颜色并配上图案时，就会产生惊人的效果。房间会被赋予活力和趣味，更不用说会产生反差的效果。做对了，突然间你就会为空间增加深度和维度。实际上，你可以做的最简单的事情是在房间中创建这个被过度使用的术语"哇因素"。你不需要真正了解室内设计就可以让图案发挥作用，因为没有确切的公式。你需要做的就是选择你喜欢的东西，然后你很快就会成为专业的混搭大师！

如果一个房间缺乏视觉重量（一种使空间对称、平衡并和谐的视觉层次），那么就必须通过图案来解决。通过添加带图案的脚凳或椅子，会突然提升了空间的风格水平。

图案通过吸引眼球来创造深度，而我最喜欢它的原因是它采用二维外观却给空间赋予近乎三维的存在感。这并不意味着你必须从头到脚到处都贴上条纹墙纸。要使用技巧，你可以以最简单的方式添加图案。我知道将很多完美图案聚合在一起的设计方案可能会让人感到有点不知所措，而且很吓人，但不要害怕。如果你想让房间感觉引人注目和不拘一格，而不是杂乱无章，那么有一些硬性和快速的技巧可以学习。

→从基础开始。混搭图案时最大的挑战之一是恐惧，我们都害怕让房间看起来一团糟。学会相信你的眼睛。你需要有信心，最简单的方法是从色彩搭配开始。当你使用喜欢的颜色时，你将自动在图案之间创建一致性，因此首先要确定这一点。决定你的色调——暖色或冷色、深色或浅色——并控制你要使用的颜色数量。这将使事情更具凝聚力，并使图案混搭更容易。

→考虑在一些有图案的装饰品和家具上使用纯色背景色。这样不用费力就会创造视觉上的趣味。将中性色作为背景是搭配图案最简单的方法之一，如果你不熟悉搭配图案的技巧，使用这种方式将是一个很好的开始。这样做会创建一种态度又不会让人感到过多。你不希望有太多的图案重叠在一起，因为眼睛需要一个休息的地方。用物品去平衡再分离，让一切看起来和感觉更酷，更给人深思熟虑的感觉。

→重复使用图案会让事情变得不那么分散。我倾向于选择一种我非常喜欢的图案种类，在我的例子中是部落式印花，然后从那里构建。我在靠垫、花盆和地毯上重复使用这类印花（不是相同的花纹，只是整体韵味相同）。或者说你的物品上有条纹；在垫子上、地毯上、盘子里重复使用一遍。

→你不希望在一个房间里有无数的图案争夺注意力，因为会很混乱，所以用物品分解它们。例如，我在沙发装饰或墙面涂料时会采用实体物品来进行平衡。图案实际上需要实体才能让人感觉引人入胜而不是凌乱。

→为了让所有房间感觉平衡，你至少需要三种模式。这将使你在整个过程中均匀分布图案，从而使效果变得均衡。事实上，我经常使用三个以上的颜色，最简单的方法是选择协调的颜色而不是冲突的颜色。红色、粉红色和焦糖色是我最喜欢的基色，穿插点缀黑色。这是将房间联系到一起的最简单方法。使用类似色调的印花，这样你可以将印花放置在任何地方。显然，这种做法很主观，但我会避免将宝石色调与柔和的色彩混合，或将原色与柔和的颜色混合，但要选择你喜欢的。

极繁主义风格的室内设计喜欢采用图案，因为它增加了趣味性和戏剧性。

LIBERTY STYLE
JACQUES GRANGE
INTERIORS

→谈到混合搭配，想想“对立面相吸”！平衡结构型印花可使用例如带有弯曲松散印花（如花卉）的网格图案。将微小的印花与夸张的印花并置——既醒目又充满活力。只要记住以某种方式连接它们（保持在同一个颜色系列中是最简单的方法）。不要太在意图案的大小，只要按照你本能的感觉去做。较大的印花，如几何图形，会让人觉得装饰性很强，而很多小图案会让人觉得太忙乱。我倾向于在靠垫和花瓶等较小的物品中使用较小的图案和装饰，并为墙纸、吊灯甚至艺术品保留较大的图案。你确实需要两者兼得——一个只有强烈图案的房间会让人觉得有压力，所以它需要更柔和的伙伴来抵消产生的效果。图案越多样，你的家就会越有趣和受欢迎。我最喜欢的图案组合包括带有佩斯利花呢搭配几何图形、扎染织物搭配部落风情图案、动物纹图案可以搭配任何图案从波尔卡圆点到花卉图案，以及不要忘记棉质印花布与条纹的搭配。

→不要太拘泥于主要、次要和点缀图案。许多设计师遵循60/30/10规则，其中60%的房间采用一种图案（主要），30%采用另一种模图案（次要）和10%的点缀图案。该理论认为，通过首先选择占比例最大的图案，它可以作为其他一切的起点。如果你不熟悉选择图案的方法并且发现它很有帮助，那么请务必遵循该原则，但我更喜欢本能地进行选择图案来装饰。

→不要害怕图案采用大胆色彩。深酒红色或午夜蓝，有如此广泛的令人难以置信的颜色可供选择。如果你的图案碰巧包含这些让视线“逗留时间更长”的颜色，恭喜你——它们会令人兴奋和并让空间充满活力。

→请记住分层次用图案装饰，而不是将它们分散在各处，并尝试将它们以奇数分组。奇数更令人赏心悦目，分层增加了更多深度。当你将带印花的灯罩放置在一个印花坐垫附近，下方是带有图案的小地，这时就会发生奇迹。

→像条纹这样的垂直图案会给人更高的印象，吸引视线向上。水平图案会缩短房间的长度，但它们会使眼睛朝两边看，增加空间的宽度，从而使其感觉更宽。相反，圆形图案可以使房间显得更柔和，营造出更大空间的感觉。图案很巧妙！

没有什么比使用图案更能让房间氛围活跃起来的办法了。图案有很多选择。为了易于上手，从低风险的角度来看，尝试将一些有图案的垫子放在坚固的软垫沙发或椅子上。这将有助于为房间提供直接的维度。墙上的精美印花会将事物提升到一个全新的水平，增加了你需要的所有活力。接下来你可以再大胆一点，在有图案的椅子上放一个有图案的垫子。好的！任何一种有图案的地毯都在我的世界中得分很高，它们可以为空间增添了一抹亮色并改变了无聊的房间。事实上，我会说所有的地毯都应该有一些印花或图案，这是改造房间的最快方法之一。如果你有勇气，你可以更进一步，大量使用图案，从贴墙纸的墙壁到有图案的地板。做到这里，你已经跳入而不是蹑手蹑脚地进入图案的狂野世界了！或者你可以更谨慎，这取决于你。大胆或深思熟虑，没有错也没有对。

重复图案。单独一个有图案的靠垫会显得微不足道，但当你一遍又一遍地重复它时，空间会获得生命力、能量和兴奋感。加入图案会为房间增加很多个性。它赋予房间影响力。这一切都需要搭配融合：有机图案，豹纹印花和花卉。将不同文化混搭也很有趣：例如将印度、欧洲和美国的文化相融合。

极繁主义风格的室内设计有一个共同的主题贯穿其中，某种联系，通过使用图案，你可以让你的家变得令人难以置信，令人兴奋和丰富多彩，但对你来说也展示出真正的你自己。当你添加喜欢的印花和颜色时，它会成为你个性的延伸——你的家将反映这一点。不要因为购买某些时尚的物品而感到压力——只要选择让你快乐的东西。通过混合图案、风格和色调，你会打造出令人惊喜且引人入胜的家居空间。

当然，在不拘一格和凌乱之间需要很好的平衡。极繁主义风格的室内设计会将点点滴滴连接起来，将图案、比例和颜色联系起来。当眼睛在房间里从一块移动到另一块时，整个空间感觉应该是平衡的，当房间感觉平衡时，它们看起来就会很漂亮！

混搭图案是人们倾向于回避的问题之一，但这是提升空间设计的最简单的办法。对了，请记住这一点：对空间来说图案的选择是无限的！

当你添加喜欢的印花和颜色时，它会成为你个性的延伸——你的家将反映这一点。

This edition first published in the United Kingdom in 2020 by Pavilion Books, an imprint of Pavilion Books Company Ltd, 43 Great Ormond Street, London WC1N 3HZ

著作权合同登记号：第 06-2021-129 号。

图书在版编目（CIP）数据

多即是多 ：极繁主义风格设计指南 /（英）阿比盖尔•埃亨著 ；孙哲译． — 沈阳 ：辽宁科学技术出版社， 2023.4
ISBN 978-7-5591-2602-3

Ⅰ．①多… Ⅱ．①阿… ②孙… Ⅲ．①室内装饰设计—指南 Ⅳ．① TU238.2-62

中国版本图书馆 CIP 数据核字（2022）第 135422 号

出版发行：辽宁科学技术出版社
（地址：沈阳市和平区十一纬路 25 号　邮编：110003）
印 刷 者：鹤山雅图仕印刷有限公司
经 销 者：各地新华书店
幅面尺寸：215mm×275mm
印　　张：15
插　　页：4
字　　数：300 千字
出版时间：2023 年 4 月第 1 版
印刷时间：2023 年 4 月第 1 次印刷
责任编辑：于　芳
封面设计：何　萍
版式设计：何　萍
责任校对：韩欣桐

书　　号：ISBN 978-7-5591-2602-3
定　　价：178.00 元

编辑电话：024-23280070
邮购热线：024-23284502
E-mail: 120662078@qq.com
http://www.lnkj.com.cn